懶也要懶得超幸福

日日都是吐司日

山口繭子
YAMAGUCHI
MAYUKO

瑞昇文化

CONTENTS ✣

CHAPTER 1

#名為麵包的HEAVEN

——這個世界上最容易讓人感到幸福的食物，正是吐司

CHAPTER 2

#想變瘦——胖就是好吃

CHAPTER 3

#起司吐司——發現起司的人應該得諾貝爾獎

CHAPTER 4

#水果和平黨（放上去就好）——畢竟有「早晨水果是金」的諺語嘛

CHAPTER 5

#水果和平黨（已惡作劇）——水果做的惡作劇都令人喜愛

CHAPTER 6

#名為麵包的包容力——任何東西都能承接

CHAPTER 7

#名為草莓的疾病——手不自主將它放進購物籃

CHAPTER 8

#這是啥啦！——外觀樸素卻好吃得要命

CHAPTER 9

#還是有在注意健康的啦

——沒有蜂蜜就是沙拉呀

CHAPTER 10

#白吐司以外也都愛

——只要是麵包都很幸福

序言

✣

早餐好吃的話，

一切都會順心如意。

從我靈光一現那天起，

當季的水果、香草、

起司、奶油、還有麵包，

就成了我每天早上的必需品。

沒錯，吐司就是

這個世界上最容易、也最確實能夠

讓我感到幸福的東西。

其實我想變瘦一點。

我也不討厭日式早餐。

但，我實在停不下來。

畢竟，

做吐司真的好開心哪！

不管是大受歡迎店家的高級吐司、

還是超市買的便宜吐司、

只要把冰箱或儲藏室裡剩下來的

食物稍微擺上去，

馬上就成了另一種樣貌。

令人大感意外的食材們，不知為何

在吐司上也能握手言和。

「怎麼會這麼好吃！怎麼會讓人如此感動！」

每天早上獨自喧鬧的時間，

現在成了最奢侈的享受。

要稱為食譜書，實在是

有些雜亂的感覺，

但請你也務必享用吐司帶來的幸福。

打造幸福的道具們

烤一烤、刮一刮、穿過去、削掉皮……
以下介紹的是為我打造幸福的工具們。
當然就算不用一樣的東西也沒關係。
請用家裡有的東西即可。

吐司烤箱／BALMUDA The Toaster

盤子／百田陶園　TY Round Plate Plain Gray 200
刀子／Michel BRAS No.1
奶油刀／OPINEL spreader
奶油刮刀（自有物）
刮皮刀／Zwilling 專家檸檬刮刀
量匙（自有物）

打造幸福的食物們

雖然我覺得幸福無法自己打造，
不過冰箱和儲藏室裡的這些食材，
肯定能讓今天的我感到幸福。
大為活躍的頂尖跑者們就是這幾位。

奶油／奶油起司／優格

吐司麵包／切絲起司／橄欖油

義大利香醋／黑審／香蕉／檸檬／草莓

蜂審／椰子奶油／芝麻醬

綜合堅果／椰絲／黑胡椒（整顆）

來，上天堂吧。

CHAPTER 1

#名為麵包的HEAVEN

這個世界上
最容易
讓人感到
幸福的食物，
正是吐司

心頭一緊的甜蜜又略帶清爽

檸檬披薩吐司爽口感倍增

#檸檬病 #流～下去 #臨門一腳薄荷 #真想包在起司棉被裡

從炸雞塊到檸檬沙瓦都能用上，沒有比這更活躍的食材了吧！檸檬啊，我實在太愛你了！那圓滾滾的外貌縱然非常可愛，但切開來也還是那麼可愛，實在是個狡猾的小東西。但是我想，檸檬應該希望自己被切成薄片吧。畢竟切開來是那樣可愛，當然是想讓人看看囉。

recipe

1 將切絲起司大量灑在吐司上，切成薄薄的檸檬片排上去之後烤一烤。

2 烤好之後以廚房用剪刀毫不留情地將突出的檸檬邊剪掉。

3 嘩地淋上蜂蜜。放上薄荷葉以後灑點黑胡椒。

自言自語

當我靈光一現想到「檸檬病」這個標籤的時候，忍不住會心一笑。最喜歡檸檬了。但總覺得脫口說出「我喜歡檸檬」又好像是默默向周遭宣告「我很有品味的」。雖然剛開始是我拿自己開玩笑使用的詞彙，但不知何時起好像真的成了一種病。我真的好喜歡檸檬噢。

草莓與馬斯卡彭起司無敵吐司

#草莓無敵 #一口氣提升血中女性度 #流流流 #很難下口真的

就像我沒有棉被活不下去，草莓肯定也希望能有馬斯卡彭起司和奶油起司的陪伴吧（應該啦）。今天就讓它們躺在吐司床鋪和馬斯卡彭床單上。淋上夏威夷豆牛奶與濃縮咖啡醬的毛毯，馬上就被我送進嘴裡大嚼啦。

recipe

1 將馬斯卡彭起司大量抹在吐司上。

2 對半切開的草莓隨興放上。

3 淋上夏威夷豆牛奶（沒有的話煉乳也OK）和濃縮咖啡醬（馬斯卡彭起司的附屬品，沒有的話就用義大利香醋之類的），淋到滿出來為止。

自言自語

草莓是一種越吃就越喜愛的東西，令人不禁覺得裡面是不是有什麼奇怪的成分。雖然為了對高級品牌的草莓表示敬意，似乎應該要直接享用比較好，不過在超市裡賣的那些普通草莓，可以搭配手邊一些〇〇醬或者〇〇奶油之類的享用，會有新發現呢。

打碎的咖啡凍生食麵包

#咖啡凍 #我是認真的 #咕嘟咕嘟 #生食主義

我拿到「ginza nishikawa」的高級吐司，開心到要爆炸。因為非常沉重，我還驚訝著含水量真的很高呢，將吐司刀切下去的瞬間，真的超興奮！（還喊著下刀～！）這種吐司麵包，我想製作它的麵包師傅一定希望我們在買下的第二天前都要生吃吧。在麵包還新鮮的時候就拿去烤，實在違背法則（就像是高級鮪魚那樣？）。

recipe

1 軟綿綿的高級吐司，毫不手軟切下一大厚片。
2 將市售的便宜咖啡凍用湯匙放在吐司上隨興攪爛。
3 將咖啡凍附屬的鮮奶油（沒有的話就用煉乳）淋上去，灑上花生米。

自言自語

以前我還是編輯部成員的時候，我所在的美食雜誌當中「麵包特集」可是品質有保證的企劃。當我負責吐司的文章時，餐飲企劃的大皿彩子小姐告訴我的點子就是這個。畢竟三明治通常也是生吃吐司，因此這樣的方法應該也能有更多享用方式。

紅酒愛好者垂涎、幸福的金柑起司吐司

#名為金柑的女子度 #紅酒拿來啦 #喜歡臭一點的起司

與其一臉我懂藍黴起司的美味然後直接享用，還不如大膽混合苦味（金柑）與甜味（蜂蜜）然後大口咬下，這樣更能凸顯其風味。這可是超越所謂美味、令人覺得罪惡感深重的口味呢。請在胸前畫一道十字架之後再享用。

recipe

1 將吐司烤到脆。
2 把1～2個金柑切成八片，稍加微波一下，不要用刀切、用手將藍黴起司撕碎放上，一起放到剛烤好的吐司上。
3 蜂蜜！黑胡椒！不要迷惘！大量放上去！

自言自語

我就是沒有時間、想睡覺、早上時間不夠啊。放在早餐麵包上的水果，最好是能夠直接吃的材料就BRAVO啦！金柑是果皮也相當美味的水果，在「直接享用類食材」中是相當優秀的選手。無花果也很棒。順帶一提，我曾試過帶皮的奇異果，結果讓我後悔萬分。

美味濃郁辛辣，超好吃！

忍不住跟著嘻嘻笑的魩仔魚ajillo吐司

#巨大油炸食物 #大量的孩子們 #為何特地在早上吃 #中午前等於零卡路里

將食物材料與剁碎的大蒜一起炸到酥脆的葡萄牙料理「ajillo」。只要用煎鍋和耐熱盤就行，看起來也很時髦，具備成為常用菜單的價值。不使用蝦子和蔬菜，只用了魩仔魚和雞蛋，酥脆口感和包裹魚兒的滑溜感，實在令人食指大動。晚上請用白酒代替咖啡來搭配。不，早上也這麼做吧。

recipe

1 製作ajillo。將魩仔魚與剁碎的大蒜放入煎鍋或小鍋子裡，橄欖油蓋過材料，以小火慢慢炸。中途在中間稍微做個凹陷處，將蛋打下去以後炸到小魚酥脆。

2 在製作ajillo的時候，將吐司烤到金黃酥脆。

3 把ajillo放在吐司上，隨意灑上黑胡椒與甜椒粉。

自言自語

這是「葡萄牙料理研究家」的酒友馬田草織先生教我做的魩仔魚ajillo，在家裡做了之後，發現這和吐司的尺寸一樣啊！那當然只能把它放上去了吧。甜椒粉的香氣，是不是和柴魚片挺像的呢？所以當然很對味囉。

緞帶小黃瓜條紋吐司

#這也是減肥餐 #邊緣修剪重如命 #耽溺口味耽溺口感

忘了買奶油！的時候，請不要唉聲嘆氣，快回想一下。你還有橄欖油這個超棒的好夥伴啊。食譜超簡單只要把橄欖油淋在小黃瓜吐司上就好，就像是不管穿幾次都不煩躁的棉T一樣質樸的口味。

recipe

1 將吐司烤到金黃酥脆。最適當的是切成六片左右的厚薄程度。

2 以削皮器將小黃瓜削成緞帶狀，一條條排在吐司上，多出來的部分用刀子切斷（切下來的部分當然是吃掉了）。

3 將大約1大匙左右的橄欖油以喚醒沉睡孩子般寧靜的方式淋上去，灑上鹽巴與黑胡椒。

自言自語

在拍攝料理的現場，不管是攝影師、髮妝師或者導演，現場的人都是些超級愛吃鬼。總覺得就算是在工作，也都在談論食物。提到「放什麼東西到麵包上很酷」的時候，髮妝師久保田朋子小姐就教了我這道料理。時髦之人才有如此簡單又優雅的「嶄新標準」。

海苔起司筍子吐司

口腔當中實況轉播

磯邊燒口味加上爽脆口感

#其實是起司吐司 #不是梳子是竹筍 #焦香是調味料

紅豆、黃豆粉、黑審還有海苔……。放在麻糬上會好吃的東西，拿來搭配吐司麵包多半也很對味。吐司的黃金焦香使烤過的竹筍香氣更上層樓。最後一點橄欖油是肯定很棒，換成香油又是另一種美味。

recipe

1 將切片起司、海苔、水煮竹筍薄片放在吐司上。

2 烤到金黃焦香略帶焦邊。如果很喜歡焦香感的人，可以先用平底鍋煎一煎筍子再放上去。

3 淋～上橄欖油。別忘了黑胡椒。

自言自語

其實我不太在意吐司本身。如果拿到高級吐司就開開心心吃掉，沒有的話就到附近的便利超商買就好啦（平民瑪莉皇后）。不過如果想放點西洋風格的好食材上去的話，可以搭配類似的麵包比較妥當；若是放些熟菜的材料上去，那麼市售的普通吐司可能比較對味。

生乳酪蛋糕「風」藍莓麵包

#真的有打算瘦嗎 #滾來滾去無邊無際 #嘿咻 #流啦～

為了品味藍莓那無可限量的甜審與香氣，最推薦的就是搭配奶油起司。奶黃醬奶油或者鮮奶油也不錯，不過使用奶油起司的話，起司的酸味就會和藍莓融為一體。將砂糖放入奶油起司中呀——地一聲混合而成「奶油起司糖霜」簡單又好吃，還請務必嘗試一下。

recipe

1 忘掉要減肥什麼的，將口味偏甜而紮實的吐司切下厚厚一片。

2 將奶油起司與砂糖拌在一起，也順便攪拌一些原味優格進去。

3 將步驟2的奶油起司與藍莓一起大量放到麵包上，淋上焦糖醬。稍微冰鎮一下再添點優格也不錯。

自言自語

「這種時候一口氣做下去是最重要的！」所以這片麵包應該比4等分的厚度還要厚吧。我從來不曾有過早餐麵包沒吃完的情況，不過這款我剩了一半，所以放進冰箱裡當成點心。結果發現冰過之後水份滲進吐司裡，變得好像生乳酪蛋糕♡吃得少還是有好處呢♡

檸檬焦糖與軟綿綿奶油吐司

#快吃啊奶油要化掉了 #檸檬病 #因為融化了所以卡路里零 #我是這樣聽說的啦

這款也推薦給喜愛橘子果醬的人，將無打蠟的日本檸檬連皮切一切炒出來的檸檬果醬。這種苦味竟然讓人覺得非常美味，長大成人真是太好了～。雖然我是已經成為大人很久了啦。

recipe

1 將切碎的無蠟檸檬（帶皮喔）和砂糖一起在抹了奶油的平底鍋中煎到幾乎焦糖化。

2 鮮奶油不加砂糖，不要打到完全發起來、保留軟綿綿的狀態。

3 將兩片迷你尺寸的吐司烤到脆，把步驟2的鮮奶油和步驟1的檸檬焦糖整團放到剛烤好的吐司上。

自言自語

在家做菜，失敗又有什麼關係！甚至可以說，自己在家吃飯，當然就會燃起熊熊實驗欲望。像是把鮮奶油打成鬆鬆軟軟會是什麼感覺呢？沒有砂糖的鮮奶油和超甜的檸檬焦糖搭配起來不知如何呢？小小實驗，當然是要早上來做比較好（晚上失敗的話會睡不著覺）。

可可碎粒蜂蜜口感爽脆奶油吐司

#連邊都愛對吧 #脆到不能再脆 #奶油蜂蜜 #一大早就超幸福

你一定覺得，這是騙人的對吧？但這是真的。只要在烤之前切4條線，不知為何就會變成麵包邊超酥脆＆裡面超鬆軟，簡直是魔法奶油麵包。這種時候，肯定簡單搭配才正確。有奶油的麵包只要搭配蜂蜜就很棒了，不過可以加上些可可碎粒來增添脆脆口感。

recipe

1 在吐司麵包邊緣往內3mm處用刀子稍微劃條線（不需要切斷吐司邊）。

2 烤到金黃酥脆，烤好趁熱的時候大量塗上奶油。與其說塗，其實就整塊放上去啦。

3 將可可碎粒和蜂蜜攪拌在一起之後倒上去。當然愛吃多少就倒多少下去。

自言自語

在我家，會歡天喜地吃吐司的就只有我而已，所以買半條的話一定會有剩。剛買來的吐司享用之後，剩下的就一片片用廚房紙巾包起來，然後用保鮮膜包好放進冷凍庫裡收著。冷凍麵包在烤之前要劃刀痕很輕鬆，因此我也經常使用這個劃邊的手法。

酪梨奶油疊疊樂吐司

#森林奶油與牛奶奶油 #大概相互抵消後卡路里為零 #酪梨的魔力 #名為奶油的罪惡

酪梨這種疾病，是從什麼時候開始在女孩子之間蔓延開來的呢？記得以前就不討厭。不過一旦整個社會瀰漫著該吃酪梨的氣氛，內心也更加覺得「得要吃才行！」真的非常神奇。正因為酪梨被稱為「森林奶油」，想著應該會跟正統的奶油也很對味吧就做做看……。果然相當對味。對不起請原諒我。

recipe

1 將吐司烤到金黃酥脆。

2 使用奶油刮刀，將奶油與酪梨削為背殼型片狀，放在吐司上。疊在一起也沒問題。無需多心。

3 趁奶油還沒融掉的時後，灑上約1小匙的義大利香醋和鹽巴、胡椒。

自言自語

攝影現場就是購物現場。這份食譜當中使用的「奶油刮刀」是拍攝廚房工具特集的時候，髮妝師拿來的東西，因為能夠削出漂亮的貝殼形狀，所以我忍不住馬上就買下。黑色手把的前端有著波浪狀鐮刀，是很奇妙的工具。不過我實在沒預料到，每次用這把刮刀，就會消耗掉比預想中多很多的奶油……。

芝麻蜂蜜大理石吐司

被濃郁及卡路里埋沒的昭和口味

#表面張力 #一拿起來就會流下來 #箭矢大理石圖樣 #芝麻醬狂亂

芝麻醬和優酪等「有點硬度而黏～糊糊的美味」，可以在吐司這片畫布上做出最棒的印象派畫作。芝麻醬加蜂蜜＆醬油這種搭配，也許大家會想說唉呀呀來真的嗎？但這就像是「芝麻團子」的口味一樣，喜歡的話絕對別錯過！

recipe

1 將吐司烤到金黃酥脆。
2 將芝麻醬大量抹上去，不要從邊緣滿出來的程度即可。
3 將蜂蜜與醬油在吐司上面大大的畫2次M淋上去，用筷子在垂直方向（交錯）快速拉出線條做成大理石圖樣。

自言自語

對於日本人來說，芝麻醬也許就只是芝麻醬，但是在外國，這被稱為「tahini」，可是高雅之人之間開始流行起的食物。只要想成是花生醬來使用，大概就有點概念了。當然會變成卡路里爆炸的早餐麵包。

口腔當中實況轉播

滋滋作響喀滋喀滋烤焦奶油攻擊

熱騰騰鐵板法國吐司

#想變瘦 #烤好的奶油上面再放奶油 #雞蛋與牛奶漲潮中 #滋滋是幸福的聲音

你喜歡飯店或咖啡廳端出來的那種熱騰騰法國吐司嗎？也許這聽起來是自吹自擂，但我還是投給自家做的熱騰騰剛起鍋法國吐司一票。雖然我用吐司邊來做，但從前一天晚上就泡在蛋汁裡，所以連邊都非常軟。稍微焦掉也令人敬愛！請在追加的奶油都還沒融化之前就享用完畢！

recipe

1 將變硬的吐司邊丟進雞蛋1個、牛奶1杯左右、適量砂糖加上香草精混合成的液體，放一整晚。

2 將奶油放進煎鍋中開火，變燙以後將步驟1的麵包放入，煎到兩面金黃酥脆。

3 提起勇氣，再削幾片奶油放在上頭。

自言自語

我想告訴全世界。雖然用小一點的法國白吐司來做法國吐司才是正統，但其實用其他麵包也能夠享用這種食物的樂趣（好長的倒敘法）。麵包邊就是最具代表性的，只要蛋汁滲透進去，就會變得很柔軟，煎到微焦的部分也超棒！試著用丹麥麵包或者有水果內餡的麵包來做也都好吃到嚇死人，當然卡路里也是高到罪孽深重。

CHAPTER

2

#想變瘦

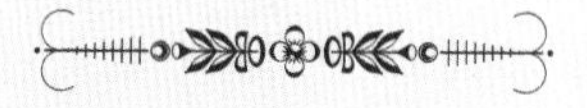

胖
就是好吃

包覆喀滋喀滋堅果的甜蜜濃郁花生味

喀嚓喀嚓MAX堅果吐司

#無法違逆顆粒 #看到脆脆就輸了 #吃堅果也沒差了的年紀

小的時候我非常愛吃堅果，但只要吃了，馬上就會冒痘痘出來，經常都感到後悔萬分。我想應該也有人是因為「會流鼻血所以堅果吼～」而哭著放棄的。但現在不管吃多少都不會長什麼東西。就只會長肉……。老化還真是令人開心呢。（淚）

recipe

1. 將英式吐司麵包（建議使用比較乾燥的吐司）烤到硬脆。
2. 將顆粒款的花生醬大量抹上去。放棄吧。
3. 杏仁、胡桃、花生等等，大量放上喜歡的堅果！不吃午餐也沒關係，此時縮手可是不合規矩的！

自言自語

這罐花生醬是名為「ALISHAN」公司發售的「有機花生奶油奢侈款」，真的如其名非常豪華。口感令人開心，一不小心就全吃完（太可怕了……）。堅果奶油這種東西呢，只要吃的時候閉上眼睛無視卡路里就好。畢竟這是一種「好吃好吃東西」的義務啊。

煉乳與奶油的雙重白色吐司

牛奶甘甜與香氣在舌尖上緩緩融合

#糖類與脂肪 #2秒就能獲得幸福 #雙重白色重擊 #您還好嗎

我總是隨興使用冰箱裡剩下的東西來做早餐吐司。但也有時候冰箱裡空無一物。這種時候，就要用上兩種喜愛的東西。像是奶油×煉乳、義大利香醋×蜂蜜、或者黑蜜×奶油起司之類的。需要的不是什麼品味，是氣度!! 要使用刮刀削奶油的時候，可以從冰箱裡拿出來放一會兒再處理，就會很漂亮。

recipe

1. 烤好吐司。任何種類的吐司都可以，只要做好烤好瞬間馬上就要吃掉的準備即可。
2. 將奶油刮刀削下的奶油盡量放到熱騰騰的吐司上。
3. 在奶油還沒融化的時候急忙將煉乳淋上去。流下去的部分就用吐司擦一擦吃掉就行。才沒有失敗呢。

自言自語

有位很有見識的朋友告訴我，非常疲憊的時候，不能想著希望有人來稱讚自己、讓自己被安慰。「自己的心情要自己安慰啊。」原來如此。只要吃一口，就能讓幸福滲進身心當中的早餐麵包，這樣的食譜有個兩三分，就能讓生活每天都心情愉悅，還請務必嘗試看看。

地瓜片黃金吐司

#三歲就喜歡的東西會愛到老 #蜂蜜是黏膠 #碳水化合物加上炸地瓜和蜜糖

「炸地瓜」是一種不管用了哪種地瓜都絕對好吃的料理。全世界都愛，既然胖子越來越多，想必這一定是全人類的疾病了吧，肯定是。不要用大量的油炸到脆，而是以平底鍋加熱奶油之後，乾炸切到超薄的地瓜，這樣就能炸出通透美麗的地瓜片，剩下來的也可以當成零食。雖然根本不可能會剩……。

recipe

1. 烤好吐司。最好是能夠承受地瓜甜度、偏硬的款式。
2. 將連皮切為薄片的地瓜放進加了大量奶油的平底鍋中，乾炸到酥脆。
3. 將步驟2的地瓜片盡量堆到吐司上，然後嘩啦啦淋上蜂蜜。最後灑上黑芝麻增添香氣。

自言自語

雖然我並不是那麼喜愛甜食，但早上可不一樣。比起鹹食來說，我反而比較容易做出甜的東西。基本上來說就是把其他食物咚地放在烤好的麵包上，這時候蜂蜜就幫了大忙。猛力倒下去，它就能夠好好讓材料們沾黏在一起，變得比較容易享用。不過吃的時候會一直滴就是了。

黃芥末奶油還能這樣用喔？的吐司

#奶黃醬奶油發病 #麵包邊值得信賴的包容力 #你是麵包邊經紀公司嗎

有時候沒有理由就是想吃奶黃醬奶油！偶爾會這樣。通常都是早上。若是好好製作的話非常費功夫、很麻煩，不過一大早的、又只有我一個人吃，所以就迅速在網路上搜尋一下、找到簡單的食譜就隨手做起來。想吃很多的時候，建議使用買半條吐司時最旁邊的麵包邊。紮實的麵包體可以支撐大量的奶黃醬奶油。

recipe

1 製作奶黃醬奶油。食譜無所謂、市售商品也OK。

2 將麵包邊烤到金黃酥脆。

3 將奶黃醬放在吐司上，擠一點檸檬再吃。吃到一半追加奶黃醬也是很合理。

自言自語

自從我開始做吐司料理，重新認知了這個世界上竟然有如此多種類的抹醬。但是奶黃醬奶油的女王感可是與眾不同。剛做好時熱騰騰就使用，是手工製作的特權。擠上檸檬以後會一口氣變得非常清爽，而甜度較低的奶黃醬若是淋上蜂蜜做成令人倒抽口氣的甜點也很棒。

口腔當中實況轉播

高雅甜味與滑順極致

南瓜奶油麵包放上香蕉

#重量級南瓜香蕉 #澱粉與糖分 #渾然一體前世兄弟

雖然南瓜的烹調方式，喜好應該是因人而異，但我最愛的絕對是拿來搭配甜點或麵包。雖然處理起來好像很麻煩，但其實只要切塊之後微波一下就能吃了，煮到爛也能當成抹醬，而且可以只做少少量，實在太棒了。不要害怕卡路里，把香蕉也放上去吧。香蕉在口中也會變成滑順的抹醬，實在太幸福啦。

recipe

1 以適量牛奶將南瓜煮到軟之後用叉子攪爛。先將南瓜微波一下會比較快。

2 將吐司（最好是吐司邊！）烤到金黃酥脆。

3 趁吐司還熱的時候將步驟1的南瓜抹醬放上去，用叉子畫一下表面，隨喜好放上切成圓片的香蕉。

自言自語

先將南瓜微波過後再用牛奶煮，會比一開始就用牛奶煮來得節省時間、也省牛奶。雖然這樣聽起來很小氣，不過與其花那麼多時間在早餐麵包上，還不如多睡一下。用椰奶來做也非常美味！

大量白味噌柿子奶油吐司

#白味噌吐司出道 #日式水果 #介紹人是發酵奶油

雖然我出身神戶，但對白味噌的感情也非常淡薄。只有做雜菜煮的時候會用上，之後就是在冰箱裡等著再次出場的時機，結果放到壞掉的悲傷傢伙，這就是白味噌。但我聽說住在巴黎的料理研究家用白味噌來做甜點以後，恍然大悟！用來代替奶油使用，發現挺香的、確實可行。話雖如此，到底為何最後卻還是放上了大量發酵奶油呢……。

recipe

1 在吐司上抹一層薄薄的白味噌，擺上切片柿子之後拿去烤。

2 步驟1的吐司烤好以後，趁熱放上削片的發酵奶油。

3 用手指輕輕壓碎去殼的開心果，大量灑上去。

自言自語

居住在巴黎的料理家原田幸代小姐送我的白味噌，是京都老店味噌屋「關東屋」的產品。因為白味噌比較甜，所以我原先覺得不好用，但想想正因為是甜的，那麼確實應該會和水果及甜點對味。尤其是和一些有著濃郁風味的水果特別搭。像是芒果或香蕉之類的……想到就來試吧！

黏黏又脆脆，多層感的甜蜜

香蕉黃豆粉三角吐司

#三角形 #斷口俐落超萌 #黃豆粉之雪

總覺得香蕉的黏稠感，似乎與和菓子有點像，難道只有我這麼想嗎？除了黃豆粉以外，和黑蜜或者醬油也都非常對味，香蕉真是太厲害了。這款吐司的美味我可以為大家做保證，不過有個貼心提醒，如果黃豆粉灑到看不到香蕉的話，吃的時候就會嗆到喔。還請多加留意。

recipe

1 將抹了大量奶油的吐司烤到金黃酥脆。

2 烤好之後將切成圓片的香蕉依序排好，斜切吐司。

3 適當灑上黃豆粉，盛大淋上蜂蜜，最後自暴自棄灑上花生。

自言自語

和我感情很好的IG主HIGUCCINI（@higuccini）告訴我一個最棒的規則，就是「斷口俐落的話，完成度就會提高」。真的，所有人都該試一下！先把多出來的香蕉乾脆切掉（切下來的也吃掉了），然後從對角線一刀切下就行。

流動起司與無花果吐司

#融化的起司有魔力 #酸酸甜甜 #吐司棉被 #美味的螞蟻地獄

我一直以為切絲起司是用在披薩上面的。但是！微波之後那熱騰騰濃稠的起司倒到金黃酥脆的吐司上，再搭配蜂審，實在令人一口接一口。再灑點黑胡椒，應該就不需要任何東西了吧……。但就在我說「不需要其他東西」的2秒後我就放上了無花果，這就是 #想變瘦已經說了一萬年的神話。

recipe

1 將甜度較低的吐司麵包烤到金黃酥脆。

2 切絲起司放進容器當中稍加微波一下，將融化的起司倒在吐司上。

3 趁著起司還沒有凝固的時候，連忙把削片的無花果放上去，然後隨喜好淋上蜂審、灑上黑胡椒。

自言自語

我開始認為「融化的起司＋蜂蜜＋黑胡椒」這個方法，可以應用在各種方面。如果把起司換成瑞士起司或者藍黴起司，那就會變成飄盪著壞小子氣氛說著給我紅酒啊～的那種美味，將蜂蜜換成黑蜜或者橘子果醬，也有不同的風味。這個實驗根本就是螞蟻地獄。停不下手。

草莓金柑相親吐司

口腔當中實況轉播

苦澀與酸度就以甜蜜風味包裹

#命運的相逢 #臨別的金柑與初遇的草莓 #吐司上的婚姻

初秋的時候去還不錯的和食店家，店長會說明「這是臨別的海鰻和初遇的松茸～」而我覺得這樣的組合讓我感受到愛。金柑和草莓。尤其是金柑上市的時間非常短，所以會希望能夠盡情享用，但草莓也慢慢上市的時候，就非常容易有著「唉呀，差不多該……」的心情。珍惜自己這種反反覆覆的心情，將它們全部放在這片吐司上。

recipe

1 草莓對半切好，金柑切成六片去籽。

2 將吐司烤到金黃酥脆。盡可能烤得硬一些。

3 將奶油起司大量塗抹到吐司上，排滿草莓與金柑、不要有空隙，最後自暴自棄用力淋上蜂蜜。

自言自語

金柑和草莓直接享用都非常美味，不過如果想更有料理的感覺，那麼就將金柑與草莓和蜂蜜拌在一起，醃個10分鐘左右，吃的時候會更有融合感。另外，蜂蜜醃金柑&草莓單吃也很美味，與優格也非常對味。

香蕉圓環肉桂吐司

#變成圓圈的香蕉 #是表現永遠嗎 #無法住手無法變瘦

不管是新鮮還是烤過都非常好吃的奇蹟水果，正是香蕉。甚至讓人覺得敬佩。這樣的香蕉當然與所有食材都非常對味，是個手腕高明的交際花。我最喜歡的肉桂吐司，一般來說只需要塗上大量奶油，灑上肉桂和砂糖烤一下就完成了！但是以香蕉和蜂蜜代替砂糖放下去的話就是這樣。吃完以後飽到動彈不得。

recipe

1 將奶油塗在吐司上，把切成薄片的香蕉排成圓圈狀。

2 灑上大量肉桂粉之後把吐司烤到酥脆。

3 趁熱的時候不要猶豫，將蜂蜜畫圈圈淋上去。

自言自語

這個萬能水果香蕉啊，就連切法不同也能自在變換口感，實在是服務周到。或許其他水果也是這樣，但生吃就能辦到實在很厲害。切非常薄的話就是蓬鬆柔軟的口感，但如果想徹底享用香蕉感的話，也可以刻意試著切的厚一些。

檸檬奶油起司放蕩吐司

口腔當中實況轉播

嘖嘖酸味與柔和濃郁感

#奶油起司使用量極限 #檸檬病患者聚會 #黃色的東西都很好吃

將砂糖加到奶油起司當中，量多到會改變口感的時候，就會變成一種有著滑順口感、非常神奇的抹醬「奶油起司糖霜」。……自從料理家大谷宜子小姐教我之後，我就已經做過很多次。將砂糖換成蜂蜜、然後添加檸檬汁調成的就是這款。請務必嘗試看看。絕對不會後悔。

recipe

1. 將奶油起司裝到容器裡，愛放多少就放多少，加入蜂蜜與檸檬汁後用力攪拌，做成平滑的抹醬。
2. 將吐司烤到金黃酥脆。
3. 烤好之後將步驟1的抹醬堆成一座小山放上去再稍微抹平表面，削些無蠟款的檸檬皮灑上去。多一點！

自言自語

對於「奶油起司糖霜」我還有很多話想說。雖然原先應該是放在杯子蛋糕或者千層派蛋糕上的基本款抹醬，但這款檸檬版也非常美味。也能搭配司康或者蘇打餅乾等，幾乎什麼都能用，危險度超高。

無花果與義大利香醋的熱騰騰吐司

#名為無花果的新星 #使用者表示時髦 #潮流水果君臨

不用削皮就能直接享用，無花果正能幫忙懶惰又愛吃的人。如果希望享用熟成無花果的口感，那麼直接享用就是滑順口感，切片放在吐司上就非常美味。不過放上奶油起司的話能夠增添濃郁感，也會更加美味，還請務必嘗試看看。

recipe

1 烤好吐司。
2 將熟到會滴汁的無花果切片放在吐司上，把多出來的部分切掉。
3 將恢復室溫已經軟化的奶油起司攪拌後放上去，咕嘟咕嘟淋上義大利香醋。

自言自語

義大利香醋似乎是「買起來也不錯，但用了幾次就剩下來放在那裡的調味料」第一名。真想大聲告訴這些人，你還有水果吐司呀！大部分的水果只要嘩啦啦淋上香醋，就會有種「咦！這好像超好吃的耶？」的氣氛。

香蕉巧克力黑白吐司

#居然把巧克力當成抹醬 #連我都退縮了 #和香蕉的美味對比

巧克力與香蕉，它們居然如此對味，前世莫非是兄弟或情侶？應該沒有比它們更不需要理由的對味了吧。但總覺得想再加點什麼來疼愛他們，這就是愛麵包之人發病。畢竟如果灑上黃豆粉和可可碎粒，就會忽然變身為成熟女人的風貌呢。若問我卡路里，唉呀早上吃的話就不是分類在「蛋糕」而是「食物」呀，還請安心。

recipe

1 烤好偏甜的吐司。
2 將巧克力抹醬大量塗滿吐司。
3 排上切成圓片的香蕉，揮去「這根本就是蛋糕吧……」的念頭，盡量灑上黃豆粉與可可碎粒。

自言自語

如果一天到晚把「我想變瘦」掛在嘴邊，溫柔又壞心眼的朋友們就會一直塞好吃東西給你。澳洲的健康食品品牌「MELROSE」的堅果奶油雖然是乳脂肪零的純植產品，卻有著宏偉的美味度。在充滿奶油的日子當中我偶爾會享用這款。

桃子與義大利香醋佐起司吐司

#起司吐司無敵論信仰者 #粉紅色不管怎樣都贏 #根本下流

我有個關於桃子的偉大發現。就是與其讓它可愛地和冰淇淋或者優格搭配在一起，不如拿來與有著硬脆口感（吐司）和鹹香濃郁（起司）的東西放在一起，更能凸顯出桃子的新鮮和高貴香氣！就是這件事。就當成被騙，試一下吧。不過桃子本身真的是挺下流的呢。因為是水果所以能光明正大出現在早上的超市當中，身為女人我應該要向這種志氣看齊。

recipe

1. 將切絲起司大量灑在吐司上放下去烤。
2. 趁烤好的起司還沒凝固的時候放上切片桃子。
3. 淋上蜂蜜與義大利香醋之後，大口咬下。

自言自語

我去巴黎出差回國的時候，和我一起旅行的攝影師柳詰有香小姐在抵達羽田瞬間，跟我說「謝謝妳，繭子」然後給我NORDIER的發酵奶油與整袋的切絲起司。那是她在回國前去「樂蓬馬歇百貨公司」買的奶油，然後用冷凍起司當成保冷劑一起帶回來。那可是7月呢。我重新喜歡上聰慧又溫柔的她。

滲入五臟的美味添加西洋濃郁

紅豆奶油吐司佐烤香蕉

#和風吐司也很棒呢 #紅豆餡是完整保留豆子派 #烤香蕉

對於名古屋市民、以及吐司愛好者來說，「紅豆奶油吐司」在心中有一塊屹立不搖的位置。嘗試各種紅豆餡與各式奶油之後，就會逐漸找到自己喜愛的那款「紅豆奶油」。請稱我為紅豆奶油熟練猛人。要點就在於多放一項什麼東西。香蕉口感及溫度烤得恰到好處，擺在紅豆餡及吐司上，只要咬一口，嘴裡就是樂園。

recipe

1 吐司塗好奶油以後拿去烤。
2 抹上市售的紅豆餡（保留豆子款或者豆泥都可以）。
3 對半切開來的香蕉好好烤過以後，咚、咚地放上去。

自言自語

每當美食雜誌做麵包特輯的時候，趨勢項目的細項真是多到令人驚訝。我光是吃，所以並不會仔細記得流程有哪些，但是「紅豆奶油」的頁面的豪華程度仍然留在我的腦海當中。紅豆奶油加上橘子果醬、紅豆奶油加上水果，我得到了好多早餐麵包的靈感（給我好好工作）。

CHAPTER 3

#起司吐司

發現起司的人
應該得
諾貝爾獎

稍微放點芥菜就是森林起司吐司

#聚集吧愛麵包之森 #芥菜之森 #蔬食界希望之星

第一次閱讀《挪威的森林》時令人倍感衝擊對吧？咦，這究竟是什麼？還以為是純文學，怎麼會有這麼重口味的性愛場面大遊行啊……。之後只要看到「芥菜」，總覺得那種森林感讓體內響起某種警報。在當今蔬食界中芥菜可是仿如新星，全世界那些知名大廚會如此想使用它，想必也是因為它如此性感吧（也可能不是）。

recipe

1 將切絲起司放在吐司上，以烤吐司烤箱烤到金黃酥脆。

2 捏一些芥菜葉放在吐司上。

3 隨個人喜好添加一些口味較青澀的橄欖油也不錯。

自言自語

芥菜也有綠色的，如果喜歡新綠森林吐司的話，可以用綠色款。另外如果使用芥末葉、蘿蔔嬰、寬葉生菜、或者是比較爽脆的葉菜類，這款起司吐司就有著無限的發展性。而且總覺得卡路里也很低、應該是頗健康的（希望啦）。

滑溜起司與脆硬堅果吐司

#滑～稠極致 #絲滑真是太棒了 #為何還要加油 #是失手嗎

提到起司吐司，最常見的方式就是把切片起司或者切絲起司放到吐司上，直接用吐司烤箱烤一烤，但我拿去微波卻大吃一驚。起司融化成非常滑稠的樣子，簡直跟抹醬一樣。這樣就能輕鬆重現韓式辣炒雞肉店中看到的那種罪孽深重的「滑～稠」起司了。不過也得要馬上吃完。因為起司很快就會凝固。

recipe

1. 將偏英式吐司的乾爽吐司烤到金黃酥脆。
2. 將切絲吐司大量放進耐熱容器當中，微波加熱融化。
3. 趁起司還沒凝固就嘩啦倒到步驟1剛烤好的吐司上，大量灑上打碎的綜合堅果與橄欖油。

自言自語

有人會問我「您是使用哪裡的起司呢？」但真是抱歉，不管用哪兒的起司，早餐麵包的起司吐司都能做得很好吃。使用偏鹹口味的起司時，只要搭配果醬或者糖漿，口味就會比較溫和（喂）。但一定要問的話，總覺得市售的便宜起司是最恰當的了。

石垣島葉山椒童話起司吐司

#童話葉片 #起司吐司的包容力 #南洋吐司完成

如果拿到沒見過的辛香料或者香草，我就會不管三七二十一先搭配吐司來試試口味。如果覺得「這可能風味有點獨特呢」就搭配起司吐司。畢竟通常都會非常成功，就算是新來的材料角色也能夠好好品嘗。石垣島產的葉山椒，和一般山椒相比較為野性而有異國感。

recipe

1 將大量切絲起司放在吐司上，以烤吐司烤箱烤到金黃酥脆。

2 趁熱的時候快速抓一些葉山椒擺上去。

3 大量淋上橄欖油之後享用。

自言自語

除了葉山椒以外，搭配起司吐司超對味讓人沉迷的就屬辛香類蔬菜和香草為最。直接吃可能有些嗆，但和起司搭配在一起就沒什麼問題。如果擔心太嗆，就盡量加橄欖油上去，口味會更加溫和。雖然卡路里會變成重量級啦。

小洋蔥如意寶珠起司吐司

#怎麼看都是如意寶珠不禁禮拜 #黃芥末圓點 #迷你就是正義 #焦香是調味料

小巧蔬食植物小洋蔥。名字也好、總覺得整體就很可愛呢，小洋蔥。超萌的。雖然大家印象這多半是加到燉煮料理當中的，不過對半切開來烤過之後，拿來作為吐司上的料也能夠發揮它的力量。和起司一起擺上去烤也很棒，不過這樣就沒有漂亮的焦處了，所以先在其它地方烤好之後再擺到麵包上。

recipe

1 將切絲起司大量灑在吐司上，烤到金黃酥脆。
2 對半切開來的小洋蔥從斷面烤好以後，放在剛烤好的吐司上。
3 在小洋蔥之間點綴黃芥末。

自言自語

以前我曾和「始祖」料理藝人速水茂虎道一起攝影，他真的是自己什麼都會做的人（拜託工作人員請他幫我做義大利麵，這個記憶我會珍藏一輩子）。然後他說了句名言：「焦掉的部分是調味料呢。」各位，焦掉的部分是調味料啊！

口腔當中實況轉播

黏黏稠稠鬆鬆綿綿洋蔥甘甜

雙重起司洋蔥吐司

#帕瑪森起司之雪花紛紛 #是雙重起司 #這應該也算減肥餐

對於平常都吃重量級卡路里吐司的我來說，這麼一點雙重起司吐司講明白點可說是低卡路里食品。起司焦香加上薄片洋蔥的甜味，這樣的早餐麵包實在有著吃也吃不膩的美味。這天積起了帕瑪森起司的雪花。

recipe

1 將切絲起司大量灑在吐司上，放上切為薄片的洋蔥一起烤。

2 以廚房剪刀剪掉多出來的洋蔥。剪掉的部分直接抓起來吃掉。

3 大量削下帕瑪森起司灑上去。還有黑胡椒。

自言自語

有種很受歡迎的披薩叫做「quattro formaggi」。直譯就是「4種起司」，這樣一來當然是非常美味。使用一種起司、簡單也很好，但如果有好幾種起司，那就試著全部放到吐司上吧。你將看見全新的世界。

芽菜與小加工番茄起司吐司

#能喝的女人是新芽 #微波果醬無敵 #什麼都能放上去

要把水分比較多的水果或者蔬菜放到起司吐司上的時候，若沒有稍微「加點工」，就很容易輸給起司的美味及濃郁，造成「唉呀，怎麼水水的呢」感受。因此在使用前以鹽巴或砂糖稍加醃漬一下，就會變得比較均衡，還請嘗試看看。灑上鹽巴與砂糖的番茄微波提高溫度以後會更好吃，這點子真是太天才了……。

recipe

1 將大量切絲起司放在吐司上，以烤吐司烤箱烤到金黃酥脆。

2 將切成圓片的番茄排在耐熱容器當中，稍微灑點鹽與糖，微波一下。

3 將步驟2的番茄及蘿蔔嬰放在步驟1的吐司上，灑黑胡椒。

自言自語

就算不是紀伊國屋超市當中陳列的高級蔬菜，只要灑上少許鹽巴及砂糖，活用「微醃漬」這個方法，在隨便一間超市裡買的番茄和小黃瓜，也能有不錯的口味。如果咬下蔬菜或水果覺得「怎麼水水的」，那就用這個辦法。會變身成高級蔬菜唷。

安娜與雪圈蓮藕的金黃焦香起司吐司

#安娜與雪片蓮藕的女王 #雪聲沙沙 #給蓮藕愛好者的你

在冬天特別寒冷的早晨，若問什麼樣的起司吐司比較搭調，正確答案就是使用根莖類蔬菜。尤其是蓮藕。我不知道到底為什麼會這麼好吃，但它與起司實在太過對味，每次吃都讓我啞口無言。切成圓片的蓮藕先以另一個平底鍋稍微烤出金黃色，這樣會更香、口味更棒。

recipe

1. 將切絲起司大量灑在吐司上，烤到金黃酥脆。
2. 以刀尖將切成薄片的蓮藕邊切開，做成雪花片的樣子，以平底鍋咻地燒微烤一下。
3. 趁步驟1的麵包還熱的時候，將步驟2的蓮藕擺上去，咕嘟咕嘟淋上橄欖油。

自言自語

和食料理研究加神田賀子小姐教我做這款「雪花蓮藕」。日本料理當中會將蔬菜切成各種美麗的形狀，「裝飾刀工」真的非常多采多姿，這也是其中一種。搜尋網路發現「蓮藕裝飾刀工」似乎非常多樣化，做蓮藕起司吐司的時候，還可以有更多變化呢！

白花椰白色起司吐司

#花椰菜魚拓 #反正我就是喜歡童話感 #生根於起司大地

試著放到起司口感上之後，因為有著獨特口感而讓人吃上癮的就是白花椰菜了。用片刀或者比較寬的削刀，切成超薄片之後生鮮爽脆放到起司吐司上應該就非常美味了。不過這種情況下，正確方式還是要把橄欖油當成黏膠大量淋上去啦！

recipe

1. 將切絲起司大量灑在吐司上。
2. 放上切為薄片的花椰菜之後拿去烤。
3. 烤好之後灑上大量黑胡椒。喜歡焦香風味的人也可以用火焰槍幫花椰菜添點焦處。

自言自語

白花椰曾經有段時間總被說：「咦？跟綠花椰不一樣嗎？這要怎麼吃？」而遭到冷落，但我在洛杉磯發現非常時髦的餐廳將它拿來與大蒜和醋一起炒了上桌之後，我真的忍不住落淚（馬上擦乾享用它）。

灑下一片開心果的起司蜂蜜吐司

#鹹甜皆人生 #簡單方深奧 #自我覺醒吧

我為什麼會這麼喜歡起司呢？我想一定是因為它「會融化」吧。融化起司的包容力給人一種安心感，就像是能在教育電視台表演也能當偶像的萬能藝人。融化的起司上面再淋點香甜蜂蜜，就可以輪到為「口感」帶來變化球的堅果上場。放上顏色也萬分美麗的開心果，就打造出完全看不出只是隨手做做的超級幸福早餐麵包。

recipe

1 將切絲起司大量灑在吐司上，烤到金黃酥脆。

2 趁剛烤好熱騰騰的時候便盡量灑上碎開心果。

3 嘩啦～嘩啦淋上蜂蜜。不必客氣，盡量倒。

自言自語

出差許久回家以後，第二天早上通常都是吃這麼簡單的吐司。準備好大量熱咖啡，小小一口口搭配吐司下肚，就覺得幹勁充電完成，非常神奇。用上旅途中買的起司和堅果，還能同時享用旅遊記憶。

鳳梨火腿起司吐司

#鳳梨糖醋排骨的回憶 #濫用熱狗 #美食錯亂

起司吐司×酸甜水果，說老實話就是最強搭檔。起司吐司加檸檬、起司吐司加草莓等等，是我多方嘗試下發現的事實。還有鳳梨！年幼時如果糖醋排骨裡有鳳梨，真的會瞬間惱火——！真的是太幼稚了……。鹹的東西搭配肉、再加上酸酸甜甜的水果，那可是至高無上的三角關係呢。我在〇十年後才領悟到這個道理。

recipe

1 將大量切絲起司放在吐司上，放上鳳梨一起烤。

2 將切成圓片的熱狗以平底鍋稍微煎出肉汁。

3 將熱狗放到剛烤好的吐司上，提起勇氣淋下蜂蜜。淋多一點。

自言自語

雖然我很愛起司吐司，不過大家是否有過這類經驗？咬下剛烤成金黃酥脆的起司吐司，因為水分太少，結果只好大口喝咖啡。為了防止這種情況，以水分量充足的多汁水果來搭配起司吐司，應該會是個聰明的做法。

圓點綠豌豆與薄荷的起司吐司

#到底是clean-pea還是green-pea #爆炸豆 #綠色愛好者

大家是不是覺得「怎麼還有起司吐司？」這是最後一款了！所以最後一定要放一下比較特別的這傢伙。豌豆和薄荷這麼時髦的搭配，當然不是我突發奇想的念頭，我想應該是在國外的食譜之類的地方看到的東西，給了我這樣的靈感吧。這麼時髦的組合，當然要用起司和油來包裹囉。

recipe

1 將大量切絲起司放在吐司上，平均灑上豌豆下去烤。
2 烤好之後抓些薄荷葉，可愛地灑在上頭。
3 嘩地將橄欖油淋在整片吐司上頭，然後灑黑胡椒。

自言自語

豌豆和薄荷除了口味以外，色彩統一的風格在視覺上也非常棒。我先前在《ELLE gourmet》那間美食雜誌，這是時尚雜誌《ELLE》的姊妹雜誌，因此我了解「美食與時尚潮流會相互連結」。多少也學習了一些潮流。用麵包來模仿也挺開心的。

CHAPTER 4

#水果和平黨
（放上去就好）

畢竟有
「早晨水果是金」的
諺語嘛

美國櫻桃與藍莓的奶油起司吐司

#用吐司才能原諒這種配色 #紅＆紫 #在東京的角落呼喊愛

鮮豔的紅色與紫色這種令人震撼的配色。對於老穿著深藍、灰色、黑色服裝的我來說實在不可能發生，但放在吐司上總能折服我心，真是神奇。用日本的高級櫻桃就有點浪費了，所以使用便宜的美國櫻桃來做，在視覺上和口味上都比較好。

recipe

1 將吐司烤到金黃酥脆。

2 將奶油起司放在室溫中回溫軟化以後加入大量砂糖，以刮刀大力攪拌。一直攪到整體飽含空氣變得蓬鬆！

3 將步驟2的起司奶油大量放在步驟1的吐司上，然後擺上切成一半後去籽的美國櫻桃及藍莓。

自言自語

美國櫻桃去籽真的好麻煩。但我發現一種技巧，就是把櫻桃放在空瓶上，從上面把免洗筷戳下去就能輕易去除種子。我在網路上看到影片的時候，眼珠子都要掉出來了。酪梨和西瓜也都有各自去籽的儀式。覺得困擾就詢問網路大師！

奇異果雙重牛奶吐司

#奶與奶的雙重使用 #被女醫師憤怒告知少吃點乳製品 #舔舔奇異果

與接二連三超高熱量的吐司相比，這是半條切八片厚度的吐司、擺上奇異果之後還能看到吐司本身，以我的等級來說這簡直就是「減肥餐」了。太過禁慾會讓人消沉，所以我抹了奶油起司之後又淋上許多煉乳。在晨光中閃閃發亮的煉乳，就像是表面上有圖樣、添加了真珠粉的指甲彩繪。瞬間就吃完，1小時後又餓了。

recipe

1 將切成薄片的吐司烤到金黃酥脆。

2 烤好之後沿著對角線切開，塗上奶油起司。

3 疊起來放在盤子上，放上薄片奇異果之後淋上煉乳。

自言自語

來我家過夜的公公，第二天早上看到我拿出沿著對角線切半的吐司和奶油，非常高興的說「這早餐真時髦呢」。切成三角形的吐司好拿又容易入口，看上去也不太一樣，所以也許會讓人覺得非常新鮮吧。

蘋果肉桂超簡單吐司

#想到就馬上實驗 #吐司實驗室 #肉桂溫活運動

聽說肉桂能夠減緩畏寒症狀，在冬季的寒冷日子裡便做起了實驗，當然是在吐司上。蘋果不要這樣直切，很平常的削皮之後切片也OK，不過這樣直切薄片保留蘋果的形狀，實在挺有趣的。肉桂和蜂蜜也可以灑滿整片，不過為了看清楚蘋果的形狀，所以刻意灑橫的。

recipe

1. 將吐司烤到金黃酥脆，烤好之後不留一點空隙塗上大量奶油起司。
2. 將蘋果對半直切，削薄片之後去除種籽，咚地放到吐司上。
3. 大量灑上肉桂粉，同時盛大淋下蜂蜜。

自言自語

肉桂粉、奶油、砂糖這三項東西一套，簡直打遍天下無敵手。但如果添加了水果，或者把奶油換成奶油起司、砂糖更換成蜂蜜，這樣的「代換」又能產生新口味。愛吃鬼就從實驗開始。

圓滾滾哈密瓜奶油起司吐司

#名為哈密瓜的鬧鐘 #夏季早餐麵包 #大量圓圈

這是別人送我的哈密瓜。哈密瓜！哈密瓜～！從前一天晚上放進冰箱裡就雀躍不已。第二天鬧鐘還沒叫我就起床，趕緊做了這個。只需要擺在塗了些奶油起司的吐司上即可。不添加不必要的醬料或糖漿，否則就對哈密瓜大人太失禮了。哈密瓜畢竟是大小姐，所以等吐司稍涼一些再放上去比較好的樣子。

recipe

1 將吐司烤到金黃酥脆。

2 烤好稍微放涼一些之後再大量塗上奶油起司。

3 使用量匙的小匙挖起哈密瓜的果肉，堆在吐司上。

自言自語

如果想送個小禮物，最常派上用場的就是量匙。畢竟不管有多少組都很方便對吧？料理的時候要一直清洗也很麻煩，我家廚房大概有5組量匙吧，圓形的可以拿來挖哈密瓜、芒果和西瓜之類的，超方便。放進蘇打水也能做成非常時髦的飲料。

白味噌奶油無無花果吐司

#巴黎無花果深不可測 #秘密在於白味噌 #夢想是出口巴黎吐司

住在巴黎19年的料理家原田幸代是市場大師。她比大餐廳Parisienne或者鎮上的廚師們都還要精通市場，我每次去那兒都央求她陪我去逛早市。而原田小姐教我的便是以白味噌妙趣來搭配黑無花果的美味。再加上奶油就會有著和菓子「松風」的風味，還請務必嘗試看看。

recipe

1 將吐司烤到金黃酥脆。

2 烤好的瞬間就不留縫隙大量塗上奶油與白味噌。

3 將甜度較強的無花果切為船形後排排站好放在吐司上。

自言自語

出差去巴黎的時候，「何時前往『樂蓬馬歇百貨公司』好呢」是個大問題。那是個時髦的百貨公司，但旁邊有食品館，這兒的奶油賣場可是有著五彩繽紛各式奶油，很難開心的只從旁邊走過去。在要離境之前和冷凍食品一起買了放在密封袋中托運，總算能在夏季也成功帶回東京自家。

可可風味香蕉黑白棋吐司

#是黑白棋呢 #香蕉真有禮貌 #爆炸甜請小心

在Google輸入「糖分 早晨」搜尋，就會出現各式各樣的意見，包含「早上不能那樣吃！」「早上所以可以這樣吃！」搞得腦子很混亂，我決定支持後者。早上的話應該還好吧，畢竟能夠藉此度過困難的一天嘛。如果覺得不需要做成什麼黑白棋之類的，也可以用可可粉完全取代糖粉灑上去。

recipe

1 將吐司烤到金黃酥脆。

2 烤好之後不留空隙塗滿牛奶果醬，排好切成圓片的香蕉。

3 由上面灑下糖粉，一部分香蕉則灑可可粉。

自言自語

香蕉和巧克力是最佳搭檔，但若添加一些油脂類就會成為罪孽深重的美味。如果你是不在意卡路里的勇者，那麼也可以把吐司麵包換成丹麥麵包。絕對是令人發狂的口味。

整顆桃子水嫩吐司

#以吐司代替盤子 #如字面的噴汁 #但是肚子會凸出來

只要看到切成薄片的桃子擺得很漂亮就覺得興味盎然的人，想必就是「水果和平黨」的黨員。這與性別沒有關係。使用桃子的皮能夠輕易撕下的超熟桃子是正確的選擇。就算在切片之前就忍不住張口咬下，欸，也是正確的啦⋯⋯。

recipe

1 將吐司烤到金黃酥脆。烤好了也先忍住不要塗奶油。

2 將切成薄片的桃子擺成螺旋狀。

3 原味優格稍微瀝乾之後與大量蜂蜜一起擺上去。

自言自語

剛烤好的吐司非常容易吸收水分，為了避免食物放上去之後麵包就溼答答，通常都會抹上大量奶油或橄欖油。但若反之想要享受吐司與上頭食物渾然一體的感覺，那就不要塗奶油。又或者是奶油之後再補上，也是個方法。

莫札瑞拉起司與藍莓的圓滾吐司

#吃的時候手忙腳亂 #掉下來的樣子可不是鬧著玩 #蜂蜜是黏膠

我身為「水果和平黨」的黨魁，可以斷言使用偏酸口味的水果時，毫不顧忌盡量放上抹醬、起司、糖漿之類的東西，絕對比較美味。與其笨手笨腳說著「喔這樣很健康～」以乾涸的心靈禁慾吃著麵包，還不如自暴自棄吃下超高卡路里，對於精神來說比較健康（一口咬定）。

recipe

1 將吐司烤到金黃酥脆。

2 烤好之後將櫻桃莫札瑞拉起司和藍莓大量堆到吐司上。

3 大量淋上蜂蜜。太小氣的話會黏不住，所以倒多一點。

自言自語

「櫻桃莫札瑞拉起司」究竟是什麼呢？說到底在起司的老家真的有這種東西嗎？每次使用的時候我都會這麼想，但因為這種圓圓的起司拿來搭配水果吐司，在外觀上實在是可愛到不行，所以雖然覺得困惑我還是會用。

滲透肺腑濃郁美味日式甘甜

方塊柿子起司吐司

#柿子回歸獎 #從老奶奶一轉變為潮流時尚 #而且很健康

我明明覺得柿子實在俗氣，但因為一直看到電視節目宣揚它對美容很好之類的內容，結果馬上就被影響了，意志力實在很弱。但是新鮮的柿子那溫和的甘甜恰到好處，與起司吐司搭配在一起就有如老夫老妻般貼合，實在令人感到驚訝。以蜂蜜添加一些糖分，最後用黑胡椒收縮美味。

recipe

1 將切絲起司大量灑在吐司上，烤到金黃酥脆。

2 將切成方塊狀的甜柿大量放在吐司上，不要想什麼很難塞進嘴裡。

3 淋上蜂蜜、灑上黑胡椒。

自言自語

小時候我不太喜歡柿子，英文中稱為「persimmon」，近年來發現它受到許多美食廚師重視，因此我對它的好感也提升許多（這人真好懂）。居然叫什麼帕西門，是法國的愛人嗎？吐司搭配新鮮的也不錯，柿乾也有很多種搭配方式。

雙色葡萄爽脆吐司

口腔當中實況轉播

爽脆酸甜

#進化系葡萄 #常備水果 #喀滋喀滋口感愛好者

以前總認為葡萄是非常不好入口的水果，但現在有無籽、也不需在意葡萄皮苦澀就能入口的葡萄，變得非常方便又美味。這是簡易水果隊的代表選手之一，只要季節到的時候對於水果和平黨來說簡直就是常備藥，冰箱裡可說是有它固定一席之地。如果是口感爽脆的種類，搭配奶油起司或者馬斯卡彭起司來享用，真的很棒。

recipe

1 將吐司烤到頗為金黃酥脆。

2 將微波幾秒後變軟的奶油起司塗厚一點（這很重要！）在吐司上。

3 以無籽葡萄淹沒奶油起司，然後把蜂蜜淋～上去。

自言自語

這類葡萄也可以當作蔬菜來處理。對半切開之後放進沙拉當中，搭配紅酒最棒了！如果使用在吐司上，也可以用茅屋起司取代奶油起司，試著淋上義大利香醋♡之後，那就幾乎不是碳水化合物，可以當成沙拉了吧。

COLUMN Q&A

\請告訴我！/ 麵包和攝影的事情

為了讓吐司維持美味，應該如何保存？

當我還在前一份工作，也就是美食雜誌編輯的時候，部門當中「粉類負責人」教我的是：①一片吐司麵包、一個迷你麵包仔細用廚房紙巾包起來，②然後以保鮮膜完全貼合包起，③放進冷凍庫。之後我就像倉鼠會把向日葵籽塞進臉頰一樣努力如此做。不過盡快食用還是最棒的。

我想變瘦，應該如何是好？

怎麼會問我呢？問這個已經用了「#想變瘦」標籤好幾年的人？我常收到一些莫名其妙的減肥帳號推薦信。前幾天與健身房的教練商量「我想變瘦」，對方告訴我「不要再吃麵包了。從今天起妳要把麵包當成點心」，我差點就要暈倒。但我無法阻止自己，所以還是每天早上吃「點心」。

要怎樣才能用奶油削刀削得漂亮？

將奶油從冰箱裡拿出來稍微放一下之後再削，就能夠做出漂亮的弧度。而且，不好看也沒什麼關係吧。說是「練習」，就能夠當成攝取比平常還多的奶油藉口了。

擺拍好看的訣竅？

我想應該是要忘記「好看」這件事情吧。還有，我也沒什麼技術可言，為了唬一唬大家，我看了很多國外時髦的料理網站。像是美國的「Sweet Paul」或是澳洲的「donna hay」都是「雜亂又可愛」的寶庫！裡頭充滿了可以抄襲，噢不，是能夠致敬的擺盤方式。

吃吐司的時候就會一大早便想喝酒，該如何是好？

就喝吧。當你做出會想配酒的吐司的時候，就是自作自受。如果喝了酒去上班就會被炒魷魚的人，那就別再用那些不得體的材料了。以我的經驗來說，如果使用味道較重的起司（像是藍黴或者發酵程度高的款式）、鯷魚、罐頭肉的話，就很容易提高想著「唉呀，真想要紅酒……！」的機率。

我家裡的人喜歡吃飯。但我想吃麵包……。

不會因為沒有一起吃早餐，就被逐出家門還是離婚的。因此請在大口挖著納豆白飯的家人身邊，毫無顧忌地吃你喜歡的麵包吧。或者我也很推薦「時差早餐」。自己一個人輕鬆泡個咖啡、大口吞下剛烤好的麵包，度過這種時間的幸福程度，絕對不輸給北歐人。相對地，也要保留假日的午餐或者晚餐等時間，和大家一起和樂融融用餐唷。

我老是淋不好蜂蜜。

其實我不認為蜂蜜要用「淋」的。我非常愛蜂蜜，覺得根本應該要量大到把所有東西都包裹起來才對。不過這樣一來卡路里會爆炸、錢包也會破洞，所以我才無可奈何用「淋」的。如果覺得淋不好，那就乾脆讓蜂蜜整個鍍上食物吧？或者是淋的時候，就抱持著「滿出來才讚！」的決心，用力搖那裝了蜂蜜的罐子。如果淋起來非常有活力劃到盤子外，就會看起來很帥氣。溢出去的部分就用麵包或者手指沾起來舔掉。

將食物照片拍美一點的訣竅為何？

如果問職業的食物攝影師說他們都是怎麼拍的，我印象中似乎是一直喊著「看起來好好吃！」的樣子。就像是拍攝裸體女性的奇怪攝影師那樣，有種「讚耶！看起來超好吃的！唉呀真想趕快吃呢！」的感覺，瘋狂稱讚料理的同時一邊攝影。還有，用自然光拍照、旁邊不能有其他材料等等。

CHAPTER 5

#水果和平黨（已惡作劇）

水果做的
惡作劇
都令人喜愛

烤橘子咚地放上吐司

#烤柑橘 #蜜柑的英文是satsuma #黑色與粉紅雙重胡椒

我們極為熟悉的日本水果，就是寥柑。但是最近在國外也相當受到歡迎，據説是可以輕鬆剝皮、很甜哪、能吃很多、營養價值高、外觀超美等等。將寥柑烤得熱騰騰做成「熱寥柑」，口味會變得有些像洋酒，非常有趣，和吐司也很對味。就當成被騙，試試看吧。

recipe

1. 將切絲起司大量灑在吐司上，烤到金黃酥脆。
2. 將寥柑切成圓片之後用平底鍋燒烤。連皮烤好之後再剝皮就很輕鬆。
3. 將寥柑咚地放到剛烤好的吐司上，灑上黑胡椒與粉紅胡椒。

自言自語

我第一次看到有人「烤柑橘類」是在雪梨。我和家人吵架以後一個人跑出去旅行（我有反省了對不起），那兒是個盛行早餐文化的美食城鎮。三明治、沙拉、肉類料理的旁邊，擺著烤到金黃色的柑橘，真的非常時髦。在那以後我就愛到現在。

薑汁鳳梨芬芳起司吐司

好甜好好吃滲出高貴感

#衝向吐司界的混合風大浪 #很像調香師吧 #對鳳梨惡作劇

我想若是「水果和平黨」的黨員，應該覺得炒鳳梨沒什麼稀奇的，但若再添點香料呢？水果種類也是五花八門，而鳳梨正是「香氣水果」之一。甘甜卻高貴，有著南洋感卻古典的鳳梨香氣，還請大家務必嘗試以香草或者香料蔬菜來對它「惡作劇」一下的喜悅。

recipe

1 將吐司烤到略硬，稍微塗一些奶油起司。
2 將奶油、薑絲、切為一口大小的鳳梨片放入平底鍋中稍微炒一下。
3 將鳳梨放在吐司中心，灑上薄荷、淋～上蜂蜜！

自言自語

就來談談鳳梨吧。即使在複雜且具哲學性而又實驗性的雞尾酒，這個「混合派」世界當中，鳳梨也是非常受歡迎的。雖然領域有些不同，但我想它就是有著類似方向性的食物吧。鳳梨、綠茶、杜松子、小豆蔻、生薑等香氣，都能與它像是拜把兄弟般團結。

冰一下再吃的桃子吐司

✣

#桃子吐司的規則 #吃的人自然有福 #存在本身就是幸福

享用桃子吐司的時候，有幾件非常重要的事情。①吐司要冰到某個程度以後再抹奶油起司（提升麵包與桃子的整體感）。②搭配的飲料絕對要選擇紅茶。③蜂蜜會讓手黏答答的但是不要在意，一口氣吃完就是了。就是這三點，以上。雖然這裡放的是開心果，不過堅果都非常對味。

recipe

1 將吐司烤到金黃酥脆，烤好以後靜置冷卻。

2 恢復為常溫狀態之後抹些變軟的奶油起司，將冰鎮後切為薄片的桃子疊著排上去。

3 大量淋上蜂蜜，灑上開心果與黑胡椒。

自言自語

平常我是咖啡派的，但有桃子的話事情就不一樣了。桃子要配紅茶。我絕對不接受其它意見。看見我那料理家朋友小平泰子在自己的IG上投稿一篇「伯爵茶葉醃桃子」的時候，我感動莫名：「這個人是我一輩子的朋友！」我認為桃子與紅茶，就是如此神聖不可侵犯的關係。

馬賽克蘋果肉桂吐司

#早餐的蘋果是黃金蘋果 #廉價蘋果的實力 #當然椎名林檎也是神

我的母親有著少女般的情懷，總是說些「早餐的蘋果是黃金蘋果♡」、「到了秋天就會想穿麝香葡萄綠色的衣服呢♡」之類的話，連女兒（我）都忍不住顫抖，但我想也是因為有這些記憶以及教育，才有現在的我呢。每當吃吐司的時候我都會這麼想著。蘋果與奶油、肉桂、蜂審大概也是受了這種影響吧。是種令人感到懷念、沁入肺腑的美味。

recipe

1 將吐司烤到金黃酥脆。

2 將大量奶油、切成三角片狀的蘋果放進平底鍋炒一炒，關火前稍微拌一下肉桂粉。

3 將步驟2的材料放在吐司上，鍋裡的奶油也全部倒上去，然後盡量淋上蜂審。

自言自語

「準備早餐麵包」只要把想放上去的東西全部都放上去，其實還滿輕鬆的。以我來說就是盡量不要「剝水果皮」。當然香蕉、葡萄柚這類水果我是還沒有野到能連皮一起吞下肚，不過常用蘋果、金柑、無花果這類「連皮吃也OK的水果」做水果吐司的話，就會比較輕鬆。

刻意用吐司邊做大人檸檬吐司

#以酸度訓練臉部肌肉 #以果醬中和的系統 #黑胡椒是走向大人的一步

我有很多料理家朋友，大家都像是天使或者是親戚大媽。每次見面都會帶給我一些手工果醬啦、帶皮煮的栗子啦、或者辣韭之類的東西，我什麼都不會做，實在萬分惶恐（但還是收下）。要享用美味的牛奶果醬（這也是人家給我的）又不滴的到處都是，用稍微內摺的麵包邊最棒了。為了抵抗那甜香，就放上超酸的新鮮檸檬和大量具衝擊性的黑胡椒。

recipe

1 將吐司邊（務必）烤到金黃酥脆。
2 大量抹上牛奶果醬（或者奶黃醬）。
3 將切為薄片的檸檬擺上去，大量灑上黑胡椒。

自言自語

讓我理解「柑橘類的皮很美味」這件事情的是我曾長期在職的美食雜誌《ELLE gourmet》。沒想到使用果皮的料理家和廚師竟然這麼多！大膽直接咬下的話，可是酸到臉都會皺起來、還會有點苦，所以建議可以削下來或者切成超薄片享用。

血橙糖粉吐司

#圖樣水果 #迷你刀是水果遊戲的好朋友 #愛上斷面

「糖霜」就是那種看起來很時髦的餅乾上頭妝點的那些五彩繽紛、花俏的東西。一般會以水或檸檬汁溶解糖粉來做，我試著用橘子果汁來調之後，發現能夠做出個性比較強烈的糖霜。而且和整個圓圓的橘子相比，疼愛斷面也是理所當然吧。這是最具代表性的「我有自信脫給大家看」的水果。什麼啦。

recipe

1 將吐司烤到金黃酥脆，稍微放涼一點。

2 以少許血橙果汁溶解糖粉，塗抹在步驟1的吐司上。

3 將切為薄片的血橙排在吐司上，多的部分用小刀切掉。

自言自語

當我忽然驚覺「好吃的消耗品，某天會突然消失」這個事實，才發現冰箱的責任必須自己擔負。早上站在廚房裡愣然！經歷幾次這種經驗以後，我才發現「沒有奶油的話，就塗別的東西上去也行吧？」糖霜也是我為了度過難關才發現的。我覺得自己變厲害了。

剖腹櫻桃沙拉吐司

#閒人的早餐 #粉紅胡椒可不是裝飾品呢 #橄欖油的新鮮度就是命

在「今天早上可以慢慢來」、時間充裕的日子裡，或者是希望能享受宛如瑪莉·安東尼般貴族氣氛般的吐司。話雖如此，要將櫻桃對半切開去籽的工作還真是挺麻煩的（後來發現美國櫻桃去籽只需要用瓶子就很簡單。參考P.56）。但是！之後就不需要在意櫻桃蒂頭和種籽，一口氣享用櫻桃的奢侈感實在太棒了。

recipe

1 將吐司烤到金黃酥脆。

2 將櫻桃對半切開去籽，與橄欖油拌一拌之後大量放到吐司上。

3 再追加淋一些橄欖油。以手指捏碎粉紅胡椒灑上去。

自言自語

若是食譜當中有「鹽、胡椒」，那麼當中的「胡椒」究竟是指什麼呢？這實在是個大問題。要用黑胡椒、白胡椒，還是綜合在一起呢？口味可是完全不同哪。還有這種粉紅胡椒！沒有辣度卻帶有香氣，用手指捏碎後灑上，更添風味。

檸檬果醬與黑胡椒起司吐司

#KALDI是否也有檸檬黨員之疑 #與井之頭五郎相等的空腹感 #帶蒂黑胡椒的童話感

偶爾晚餐吃得比較清淡一些、或者比較早吃的話，第二天早上就會餓到醒來。這樣實在是非常健康呢。烤到金黃酥脆的吐司上抹了奶油起司與不甜的檸檬果醬。完全酸口味的組合對於空蕩蕩的腸胃來說有點痛苦，所以加上蜂蜜的甘甜、還有整顆黑胡椒帶來的香氣刺激感，就是一款強悍的早餐麵包啦。

recipe

1 將吐司烤到金黃酥脆。
2 將恢復為常溫變軟的奶油起司大量塗抹在吐司上，然後將口味偏酸的檸檬果醬大量堆上去。
3 為了要徹底中和，盡量淋上大量蜂蜜、再灑上黑胡椒。

自言自語

我非常喜歡逛超市，但還是覺得「KALDI」這家店非常神奇。感到最困惑的就是店裡有非常豐富的各式檸檬商品。在KALDI的網站上搜尋「檸檬」的話，可是會出現超過兩位數的商品呢，這是怎麼回事啊？大概顧客當中也潛藏了非常多檸檬病患者吧。

口味刺激柿乾起司吐司

✣

#代替抹醬的柿乾 #越臭的起司我越愛 #早晨的嘆息

我老家寄來了大量的柿乾。我總覺得我媽是否認為女兒的胃袋跟大象的一樣大啊？實在沒辦法，只好放在吐司上。沒想到居然是如此滑順，怎麼沒先跟我說啦！總之口感實在魅力十足，和藍黴起司搭配在一起之後，美味到令人覺得「這應該要晚上拿來配白酒啊！」

recipe

1. 將英式吐司烤到有些酥脆感，烤好之後淋上橄欖油。
2. 將切成小片的藍黴起司愛放多少放多少。太多的話臉會一早就腫起來。
3. 稍微灑些開心果。

自言自語

不知道其他國家的人是怎麼看柿乾的？如果椰棗也化為泥的話，是否也是這種感覺？這種健康與甘甜，能像漫畫和拉麵一樣征服全世界嗎？……正這麼想著，就發現這東西已經走向世界。聽說柿乾已經有出口給阿拉伯的有錢人。加油啊，柿乾。

綿綿柿乾花生奶油吐司

#幾乎是紅豆餡 #趕跑便秘的水果 #口感愛好者的最愛

柿乾。這種滑溜綿細的口感，總讓人覺得「是抹醬？還是紅豆餡？」如果再大量放上罪孽深重的發酵奶油，那就是增添口感相對食物，是理所當然的規則。柿乾和花生，雖然是非常老派的組合，但和奶油吐司搭配在一起卻是嶄新的口味！

recipe

1 將英式吐司烤到金黃酥脆。
2 將軟綿綿滑溜的柿乾放在吐司上，以刀子切下推開，放上一片切非常厚的發酵奶油。
3 灑上花生。

自言自語

大家口味各有喜好，有超愛甜食的、也有看到辣的就非吃不可的人，而愛吃鬼們經常會談論的就是「口感」。黏答答、滑溜溜、濃稠、乾爽……。你是不是也有特別的喜好呢？順帶一提我最愛脆脆感，為了要凸顯出口感，非常喜歡拿來搭配軟綿綿的東西。

金柑與大量莫札瑞拉起司吐司

#什麼都做成披薩的企劃 #覺得金柑好吃就是轉大人了 #蜂蜜畫師

將水果拿來搭配吐司的時候，如果覺得很麻煩，那麼做成披薩肯定沒錯。尤其是柑橘類！檸檬披薩吐司也非常好吃，不過只有金柑具備的苦澀與香氣，是冬季才有的奢侈品，這也是沒辦法的。如果沒淋上堆積如山的蜂蜜，就無法達成完美口味，所以放棄減肥，淋上去吧！

recipe

1 將莫札瑞拉起司大量放滿吐司。

2 將切成四片的金柑去籽之後隨興放上去，以吐司烤箱烤麵包。

3 淋上蜂蜜。淋多一點比較好吃，不要遲疑。

自言自語

不知起司從何時起，對我來說就是「沒有就活不下去」、「忘了買就會很想死」的東西呢？這是個謎。但我現在仍然是個起司狂。雖然我經常使用便宜的切絲起司，不過偶爾使用莫札瑞拉起司或巧達起司來做吐司起司的話，也對那大為不同的口味感到驚訝與興奮。

檸檬魚鱗薑汁起司吐司

#檸檬青海波 #檸檬病患者 #喜歡魚鱗圖樣

做了太多檸檬起司吐司，難道不管怎麼做都會好吃嗎！這樣反而更令人在意了。這款檸檬魚鱗起司吐司，是我忽然靈光一閃，試著在烤之前淋上了薑汁。總覺得平常的檸檬起司吐司又打開了一條全新道路。無論怎麼惡作劇都有辦法承受的檸檬起司吐司，實在偉大。

recipe

1 將切絲起司大量放滿吐司。
2 上頭排好切為薄片的半片檸檬，淋上薑汁以後放下去烤。
3 大量淋上蜂蜜，稍微灑點黑胡椒。

自言自語

若問我在料理攝影時學到了些什麼，那麼除了食譜和材料知識以外，就是料理家及設計師那些不經意的小技巧，實在非常厲害。比方說「切材料的厚度也會影響口感及口味」這點也是讓我恍然大悟的發現。檸檬如果切得非常薄，那麼就算是連皮吃其實也沒有那麼困難，還請嘗試看看。

蜂蜜檸檬奶油吐司

#如虎添翼 #蜂蜜檸檬不是用喝的要放吐司上 #幸福完美餐

只要聽到「蜂蜜檸檬」我就會立刻回想起高中的社團活動（劍道社。真的很辛苦），也馬上就覺得口渴。在拼死運動之後享用當然很好喝，不過搭配堆積如山的奶油放在吐司上，那麼放蕩感及幸福感也都會增加五成。削些檸檬放上去，那麼就算在營養學上看來不行，也可說是幸福完美餐點了吧。

recipe

1 將吐司烤到稍微酥脆。

2 熱騰騰的時候抹上大量奶油，從對角線切開。

3 大量淋上蜂蜜，削大量檸檬皮灑上。

自言自語

由於「BALMUDA」這台烤吐司烤箱，我的早餐吐司更加好吃、體重也增加了。烤得好吃當然很棒，但只要換了麵包，焦處也會不太一樣，這點雖理所當然卻很神奇。相較於高級麵包，我在超市買的普通吐司反而烤起來非常漂亮，這對焦處讚揚派來說實在感激不盡。

橘子檸檬雙重柑橘吐司

#吃太多柑橘類變黃臉 #橘子弦月 #使用雙重柑橘

橘子買太多快要壞掉的話，就要進行促進消費活動。吐司在這時候真的是幫了大忙。畢竟它什麼東西都能承接呀。能讓奶油起司與橘子對味度大幅提升的正是蜂審。因此請不要小氣、盡量放多一點（我好像一直在說這種話）。灑上檸檬皮能增添華麗香氣，還請務必放一些。

recipe

1 將英式吐司烤到金黃酥脆後抹上奶油起司。

2 將剝皮後也去掉內皮的橘子片隨機放在吐司上。

3 大量淋上蜂審，灑上無蠟檸檬的皮。

自言自語

雖然我一直覺得橘子皮其實不好剝、挺麻煩的呢，但用刀子就很簡單了。只要問一下Google老師「以刀子剝橘皮的方式」，就會有堆積如山可使用的方法。「處理起來簡單」→「消費量提升」，因此維他命不足的人，應該要先買一把銳利的小刀。

流著奶油的檸檬義大利香醋吐司

#液體奶油令人感到幸福 #用來削檸檬的工具 #大口咬下不理會他人

你曾經多努力思考奶油的事情？以我來說，總覺得只要在減肥，腦子裡就不斷奔馳著奶油。我超愛的。冰冰涼涼直接吃當然也很棒，不過如果想大量品嘗融化後的美味，那麼我推薦這款吐司。為了要掩蓋這種放蕩美味，大量淋上檸檬與義大利香醋的酸味。

recipe

1 將較為乾燥的英式吐司烤到金黃酥脆。

2 奶油量要放到你覺得這樣不行！然後在它嘩地化開的時候削無蠟檸檬的皮上去。

3 淋上一些義大利香醋。

自言自語

照片右下角那長得像金屬製「不求人」的東西是「削柑橘皮的工具」。它也是有個工具名稱叫什麼「檸檬刮刀」來著。我在攝影的時候看到料理家坂田阿希子使用這個東西不禁大為感動，當場就悄悄查了Amazon買下。完全只能用來削皮，這分高潔真令人心動。

CHAPTER 6

#名為麵包的包容力

任何東西
都能承接

螢魷與蘆筍的天空之城麵包

#一開始還以為ajillo是哪來的卡通壞人角色 #愛螢魷 #這是甚麼都能承接的吐司說的

不知何時ajillo已經成了居酒屋菜單當中的基本款。在小小平底鍋當中放入大量橄欖油與剁碎的大蒜，然後隨意放入喜愛的材料好好等它熟，就能夠變身為「快拿紅酒來啊～！」的美味食物，真的很厲害。ajillo原先就會拿法國麵包沾來吃，所以沒道理跟吐司不合吧。

recipe

1 將剁碎的大蒜與橄欖油、螢魷、雞蛋、蘆筍放進煎鍋開火，慢慢加熱做出ajillo。

2 將吐司烤到金黃酥脆，把步驟1的材料放上去。

3 灑上粗磨黑胡椒。

自言自語

要將太陽蛋煎得很漂亮實在非常困難。我都不知道做多少次了，還是可能破掉、或者蛋黃偏一邊，簡直像在占卜一樣。如果煎鍋當中還有其他材料，就將其他材料以畫圓的方式從鍋邊放入，最後把蛋打在中間，這樣就可以煎得比較漂亮。比較漂亮而已。

惹人憐愛的香菜起司吐司

#二期香菜 #春天好吃秋天也好吃 #去直營店買主義

由於有「香菜愛好者」這樣的名詞，因此忽然出現了香菜熱潮。在我家附近的蔬菜直營店裡有賣包得像花束一樣大的香菜，之後我家就開始努力消費香菜。嘿咻！一把丟在起司吐司上，真的非常好吃，所以各位香菜愛好者還請務必試試。

recipe

1 將埃文達起司放在英式吐司上，把吐司烤到金黃酥脆。
2 香菜連同梗趁熱放上去。
3 來回淋上橄欖油並灑上黑胡椒。

自言自語

連梗蔬菜通常整枝一起品味就會有不同的有趣及口味。這個香菜也是，與其只摘下葉片放到吐司上，還不如整枝的風味比較野性，令我有點驚訝。於是我開始做各種實驗，像是把巴西里的梗剁碎放上去、或者花椰菜的梗也一起煮之類的。

口腔當中實況轉播

好甜！好吃！好甜！好吃！

黑豆雙色吐司

#不想吃年菜就換吐司對吧 #黑豆是甜點 #黑與白

因為我自己做不來，所以年底的時候便會逼老家母親寄黑豆來給我。明明已經不太吃年菜了（畢竟還是想吃溫熱的東西嘛），但只有黑豆是例外，我想是因為它有許多種享用方式吧。那亮晶晶的黑色與煉乳溫和的白色對比真是美麗，正月時期我一定會吃這款吐司。

recipe

1 在吐司上抹好奶油灑上肉桂粉後拿去烤。

2 平均排好黑豆。

3 大量淋上煉乳。淋多一點。

自言自語

黑豆的享用方式除了吐司以外還有很多種。像是放在香草冰淇淋上面裝飾，實在是好吃到不行。將柿乾切小小塊插上黑豆做成冷盤菜的風格，雖然因為過於時髦而有些不好意思，不過這真的很好吃。還請盡量嘗試各種方法。

雙色西葫蘆起司吐司

#堆積如山的圓圈 #西葫蘆是南瓜的親戚 #這是不管有多少都放上來吧我會承接的吐司說的

西葫蘆怎麼看都「looks like小黃瓜」，但其實是南瓜好朋友。只要稍微過個火就非常美味，因此用來做為早餐材料再理想不過。如果不淋上大量橄欖油，就很容易分開、不好入口，所以還請安心大量使用。

recipe

1 將切絲起司大量灑在吐司上。

2 切為薄圓片的黃綠兩種西葫蘆均衡排在吐司上然後拿去烤。

3 大量來回淋上橄欖油，灑上黑胡椒和一點鹽巴。

自言自語

基本上冰箱裡剩的材料就是我每天早上的吐司。話雖如此，就算只剩下一點點也很能派上用場。這款西葫蘆吐司的使用量真的只有一點點。做晚餐的時候不要想著「剩這麼一點就吃掉好了」，請滿懷愛意放在第二天早上的吐司上。

地瓜孜然起司吐司

#代替黏膠的起司 #曾經決定養狗名字要叫孜然 #不給馬鈴薯

馬鈴薯這個東西，不知為何和起司超級對味，是罪孽深重的傢伙。將起司當成黏膠放在吐司麵包上，然後擺上切成薄片的馬鈴薯去烤，就是馬鈴薯吐司。但是如果添加一些孜然的香氣與黑橄欖的鹽味，那麼原先垃圾食物的口味也會忽然變得非常帥氣，實在令人感動。當然這是碳水化合物on碳水化合物，不過這種情況下麵包只是拿來當床單用的，別在意。

recipe

1 將切絲起司大量灑在吐司上。
2 將切微薄片的馬鈴薯疊在一起擺上去，灑上黑橄欖與孜然，以吐司烤箱烤麵包。
3 大量淋上橄欖油。喜歡孜然的話可以「追加孜然」再灑點孜然粉。

自言自語

無論男女老少大家都喜歡馬鈴薯片。也可以在家裡做自己喜歡的口味。以削刀切成薄片的馬鈴薯用麻油炸到酥脆就是「和風洋芋片」，不用炸的而是烤到略硬像是薄片仙貝那樣也很美味。和大蒜薄片一起烤的話就成了大蒜口味洋芋片，還請試試。

充滿希臘愛的爽脆吐司

#餐後30分鐘肚子就會餓 #希臘風 #將旅途回憶放在吐司上

以前還在貴婦雜誌編輯部的時候，曾經讓我去科西嘉島還是什麼不知其所以然的樂園之類的地方採訪。當中樂園度最高的就是希臘的聖托里尼。我在那兒見到了一種將蔬菜與優格全部打爛混在一起之後添加鹽巴調味的「tzatziki」而且愛上這道菜，現在還是很懷念，所以會自己做這道料理。

recipe

1 將吐司烤到金黃酥脆後抹上非常薄一層奶油。

2 放上大量茅屋起司並擺上切成塊狀的小黃瓜。

3 隨意灑上香草鹽（或者普通鹽巴）與黑芝麻。

自言自語

將味道天差地遠的東西結合在一起的時候，會因為最終口味似乎哪裡不太夠而不小心加了太多調味料，但其實還有個方法是添加口感來取代口味。這裡我是使用黑芝麻，不過灑上弄碎的堅果或蘇打餅乾，應該也會很好吃。

微和風紅蘿蔔籤起司吐司

#以麻油做出和風紅蘿蔔絲 #幾乎是沙拉 #早晚都好吃的東西

小時候明明那麼討厭紅蘿蔔絲，但現在可是興沖沖大口享用呢。味覺竟然會有如此大的變化，這就是老化的魔力。將稍微蒸過的紅蘿蔔絲灑上鹽巴胡椒以後拌油做成涼拌紅蘿蔔絲。以麻油來取代橄欖油的話就會變得比較和風，而芝麻香氣與起司吐司實在是最強組合。

recipe

1 將切絲起司大量灑在較小片的吐司上。

2 以麻油取代橄欖油來做涼拌紅蘿蔔絲，大量放在吐司上。

3 打碎開心果後灑上。

自言自語

將喜歡的材料大量放在最愛的吐司上吃是最幸福的，不過如果是放熟菜類的話，肚子就會脹到甚至不想外出的程度。明明甜吐司就可以輕鬆吃掉啊，真不可思議。紅蘿蔔絲吐司如果在早上吃的話，這樣的量似乎比較剛好呢。

小魚荷蘭豆沙拉吐司

#豌豆剝開來的方式超萌 #萌經常留存在細節上 #和風麵包

每次盡力做和風創意吐司的時候，總是想著「吐司的包容力真強哪」。明明吐司上面就可以放魩仔魚和豌豆，但要是把奶油和橘子果醬放在白飯上，感覺簡直是地獄。將魩仔魚和麵包一起放下去烤的話，會變得有點硬梆梆，還請小心。

recipe

1 將吐司麵包抹上軟化的奶油和橄欖油混在一起的油品之後拿去烤。

2 將魩仔魚鋪滿整片吐司，快速將水煮後剝開的豌豆排上去。

3 隨喜好淋上橄欖油後灑上黑胡椒。

自言自語

魩仔魚是曬乾了好還是別曬好，問我的話，我絕對是支持前者。但長大成人也變得比較圓融，因此現在也能夠理解新鮮魩仔魚的美味。如果新鮮麵包做成這款三明治，那麼就要使用新鮮魩仔魚然後用美乃滋代替橄欖油唷。

春季浪漫菜花起司吐司

#彌生吐司決定版 #菜花超可愛 #起司的焦處令人無法抵抗

大家覺得這款如何啊？菜花與黃色圓點，原本以為是只有超級大美人才能擁有的特權，但如果放在吐司上也行呢。那微苦的菜花也能夠搭配起司的濃郁，在嘴裡中和之後，就是滿口春季風味。唉呀真是天堂。沒錯，天堂不在海外度假村或者美麗的大自然當中。就在眼前的盤子上。

recipe

1. 將玉米醬抹在吐司麵包上，將人工起司切絲後放上去，烤到金黃酥脆。
2. 將煮好的菜花摘下花的部分，均衡放在麵包上。
3. 來回淋上橄欖油並灑上黑胡椒。

自言自語

白花椰啦綠花椰啦菜花啦。這些毛茸茸又蓬蓬的蔬菜，如果只切下一部分來看，有很多會讓人覺得「哇超級漂亮的！」菜花如果只摘下花的部分，就會充滿食用花的感覺，忽然變得非常美麗。似乎還能有許多使用方法呢。心動♡

CHAPTER 7

#名為草莓的疾病

手不自主將它
放進購物籃

立即享用草莓焦糖風味吐司

#有穿著草莓袈裟的吐司 #炒過的草莓顆粒感 #酸甜天堂

前同事當中熱愛美食的男性由於太愛麝香葡萄，曾跟我說他「只要看到超市裡擺著麝香葡萄，就會下意識的放進籃子裡。」偷東西嗎？不過我能理解這種心情啦。因為我看到草莓也是這樣。我經常炒草莓，能夠自由依據不同的過火時間，掌控草莓是留有還算完整的形狀、融化一半的感覺、還是變成爛糊的醬料狀態。不管哪種都超棒的。

自言自語

炒草莓在外觀上看起來很像草莓果醬，而要讓人感到完全不同，就是靠義大利香醋。只要加一點，就能有著完全不同食物的美味。唉呀實在太厲害啦。如果不太喜歡義大利香醋的話，可以試用檸檬，這樣口味上會比較接近果醬。

recipe

1. 將吐司烤到金黃酥脆。
2. 用奶油及砂糖快速炒一下小顆草莓，變軟之後就淋上少許義大利香醋，整個倒在吐司上。
3. 均衡灑上少量優格。

多汁多汁甜甜蜜蜜加上脆脆衝擊

削片草莓與可可的奶油吐司

#粉絲發現上面的草莓有臉 #靈力草莓 #可可碎粒效果

只要是口感愛好者必定會感動落淚的草莓吐司。畢竟除了奶油和草莓雙重多汁感以外，一咬下還能感受到可可碎粒那硬硬脆脆的口感。快住手、救救我呀。那用來整合口感的蜂蜜，就不要客氣、多用一些吧。

recipe

1 烤好吐司麵包以後抹上大量奶油。

2 擺上切為薄片的草莓。

3 淋上大量蜂蜜蓋過草莓，灑上可可碎粒。

自言自語

聽說朋友的孩子不吃「甘王」這款草莓，我真的非常驚訝。據說理由是「中間有空洞」。我沒在意過這種事情！不管是甘王還是栃乙女或者天莓（譯註：都是草莓品種），我都無法控制自己對草莓的愛。沒有比草莓更好的草莓，反之亦然。

多汁酸甜加上滑順

炒草莓奶油吐司

#迷你吐司放在一起算1片 #炒草莓超多汁 #重點色是白色

當我下定重大決心，決定不再使用奶油以後，為了讓東西好吃一點就會使用比較多砂糖。難怪永遠也無法減肥。炒草莓已經很好吃了，但為了提升色彩及完成度，還是加點鮮奶油吧。請原諒我。

recipe

1 將兩片小的吐司烤到金黃酥脆。

2 將草莓和多一點砂糖放入平底鍋中炒，關火前加入少許義大利香醋攪拌均勻。

3 將吐司排在盤子上並把炒草莓連醬汁一起淋上去，最後淋上大量鮮奶油。

自言自語

如果覺得吐司變化已經沒什麼新意了呢～那麼我建議可以在底座（吐司）上下點工夫。只是將迷你吐司擺在一起就覺得氣氛不太一樣，如果是吐司還可以切成條狀去烤，讓烤焦面積增加、這樣口感及味道都會產生變化。這樣就會陷入無限循環的迴圈當中，這就是吐司……。

軟綿綿草莓與馬斯卡彭起司吐司

#微波草莓 #化為液體的草莓美味 #墨跡草莓

用微波爐加熱的草莓，簡稱微波草莓。和奶油一起使用平底鍋來炒當然風味絕佳，但不使用油來加熱，這樣也能夠凸顯出草莓原先的味道，可說是不分伯仲。而且微波時間越長，就能做成像這樣失去形體化為一灘軟泥的樣子，也非常有趣。我想草莓真的非常像女性呢（啊，我神智清醒）。畢竟和新鮮時那種鮮嫩爽脆口感相比，多汁軟甜也非常好吃嘛。

recipe

1 將吐司烤到金黃酥脆。

2 喝！一口氣將攪拌均勻變的軟綿綿的馬斯卡彭起司放上去。

3 將草莓與蔗糖一起放入耐熱容器當中微波，整個倒在馬斯卡彭起司上推開，最後灑上肉桂粉。

自言自語

此款食譜當中我用了馬斯卡彭起司，不過其他還有很多種材料是「使用前用力攪拌，美味度就會倍增」的東西。奶油起司、瀝乾的優格、奶油等等都是。大部分都是白色的東西，真是奇妙。訣竅在於恢復為室溫以後用較小的橡膠刮刀一口氣攪拌。

草莓小豆蔻奶油吐司

#草莓實驗室 #擔當草莓的媒人 #對象是小豆蔻

冬天水果賣場開始染上草莓色以後，每天早上的廚房就成了草莓實驗室。怎麼會這麼好吃呢？草莓單吃也非常美味，但開始思考起要搭配什麼香料、香草或者調味料等，就停不下來，根本是草莓地獄。小豆蔻那高貴的香氣實在對味！在罪惡感包裹下，放了厚片奶油。

recipe

1 將吐司烤到金黃酥脆。

2 將草莓與適量紅糖一起放入耐熱容器當中，加上小豆蔻一起微波1分鐘左右。

3 熱騰騰全部倒上吐司，咚地將厚厚一片奶油放上去。

自言自語

對於希望生活過得高雅點的人來說，太常叫他們用微波爐似乎會惹他們生氣，不過忙碌的早晨用微波爐還是比較方便。只要將水果與砂糖放入耐熱容器一起微波，一下子就能做好果醬。草莓、藍莓、檸檬等都非常適合唷。

無所畏懼草莓鮮奶油吐司

#吃相完全不是女人 #將草莓果汁放在吐司上 #從早就享用鮮奶油團塊

我明明不會用鮮奶油去做甜點或者做菜，但卻會想放在吐司上，真的很神奇。雖然我喜歡打硬一點，但那只是因為最後比較好調整形狀。可以用湯匙前端畫圈圈，又或者以叉子勾出條紋也很開心。

recipe

1 將吐司烤到金黃酥脆。

2 將添加適量砂糖後打發的鮮奶油大量放上去，以湯匙前端畫出漩渦圖樣調整好。

3 淋上攪拌機打好的草莓。

自言自語

有一陣子很流行早上可以用來打果昔的小型攪拌機。還放在家裡嗎？那種機器用來製作「少量的水果醬」非常好用喔。適合做成水果醬的草莓為最。還有奇異果也非常適合。

草莓奶油椰子吐司

#將奶油當成食材的勇氣 #以草莓應戰奶油 #與拉麵相等的卡路里

與其要我少放點奶油，我還寧可午晚餐都不吃，然後早上在吐司上將奶油疊成山……我是認真的。奶油不管是融化還是略焦都非常美味，冰到凝固也能夠像起司一樣直接吃掉，不覺得實在令人幸福到發抖嗎？我會。搭配草莓多汁的酸味根本是黃金搭檔。就算得暫停減肥也值得一試。我當然會試（一口咬定）。

recipe

1. 將吐司烤到金黃酥脆，斜切開來。
2. 放下其中半片吐司，將郵票尺寸的奶油放3塊上去，然後大量放上對半切開無油炒過的草莓。
3. 灑上椰絲，放上另外半片吐司。

自言自語

在吐司搭配的世界當中，也有許多「名配角」，我認為椰絲就是最具代表性的。外觀實在非常樸素，但灑上去以後卻能將口味完全拉向南國風格，是非常具實力的配角。點心材料商店就有在賣，還請去看看唷。

草莓巧克力脆片迷你吐司

口腔當中實況轉播

多汁酸味包裹甜甜脆脆

#情人節的早餐麵包 #吃的時候掉得有夠誇張 #吃的聲音也很狂野

這是特地考量到情人節的早餐麵包。大家是否到了某個季節，就會因為「初次登陸日本！」或者「貴婦專門！」等話語而感到雀躍不已？我想建議給那些交往很久的情侶，在早餐麵包上放巧克力的技巧。直接灑巧克力脆片的話不是很好入口，重點就在於和融化的奶油拌在一起。

recipe

1 將略小的吐司麵包切厚一點，烤到金黃酥脆。

2 將巧克力脆片與微波後融化的奶油拌在一起，與對半切開的草莓一起大量放在吐司上。

3 灑上粗磨黑胡椒。

自言自語

因為過於喜歡草莓，放到吐司上的時候老想著要「怎麼擺比較可愛」為優先，就很容易忘記一件事情：「草莓是圓的」。如果沒有切開來或者至少對半，吃的時候肯定會全掉到盤子上。還請還草莓商量一下要怎麼切喔（是美容院嗎）。

酸酸化開，唉呀是甜的？

滿滿甘王與黑審的紅白吐司

#甘王的渾圓令人感到親切 #白色圓滾滾也很親切 #要從哪裡下口啦

「草莓×鮮奶油×糖漿」這個組合無論如何都非常好吃，所以推薦可以用鮮奶油和糖漿做點冒險及實驗。奶油起司和優格混在一起會變成鬆鬆軟軟偏酸口味的抹醬。刻意不加入砂糖是為了最後可以毫無罪惡感地淋上黑審。這樣會偏向和風口味。

recipe

1 將英式吐司烤到金黃酥脆偏硬。

2 將對半切開的草莓咚地全部放到吐司上。滾下來也沒關係。

3 將優格與奶油起司混在一起的鬆綿抹醬大量放上去，最後淋上黑審。

自言自語

在口中瞬間化開的天莓、或者宛如偶像般楚楚可憐的栃乙女，草莓種類繁多，但是「眾人皆不同、眾人皆好」。這是金子美鈴說的。甘王那種具重量的穩定感與確實的甜度總讓人有著無可言喻的親密感。

草莓金柑整顆擺奶油吐司

#同季水果組合 #草莓與金柑結婚 #最強搭檔

對於草莓愛好者來説，每當年底到2月左右的草莓季總是感到雀躍不已，但金柑也上市以後可就辛苦了。那麼放在一起如何呢？這個念頭讓我做了這款吐司。以水分與甜度決勝的草莓、搭配略帶苦味的金柑。兩者合一就像是香氣十足的其他水果。

recipe

1. 烤吐司麵包，在烤好之前放上大量奶油，在奶油開始融化之後直接以奶油刀抹開到整片吐司上。
2. 將切為三角片狀的草莓與金柑（去籽）以相同方向排列在吐司上。
3. 將可可碎粒以寫個一的方式大量灑上。

自言自語

要在剛烤好的吐司上抹滿奶油其實非常困難。如果奶油冷冰冰的，那麼奶油刀劃過去可能會傷到麵包表面，若太軟又會在抹完以前就都滲進麵包裡。放在室溫中回溫也是個方法，不過如果能在烤好吐司以前咚地把整塊奶油放上去，那就很輕鬆了。

酒糟煉乳草莓吐司

#吐司上有草莓腰帶 #成人煉乳 #在吐司跳床上玩耍

有人送我添加了酒糟的牛奶果醬，唉呀當然就該用草莓啦！馬上！畢竟酒糟幾乎能算是健康食品（個人調查），太過小氣也不好，所以在吐司上塗滿奶油就準備完畢了。草莓是屬於偏酸的水果，和不甜的吐司搭配在一起的時候，當然要添加大量的「甜甜物質」才好吃嘛。

recipe

1 將吐司烤到金黃酥脆後抹上大量奶油。
2 對半切開的草莓排在吐司中間。
3 對準草莓的部分，將添加酒糟的牛奶果醬（沒有的話就用煉乳）大量淋上去。

自言自語

早上的吐司要來點變化的時候，搭配煉乳或者蜂蜜最棒了。直接吃的口味也很棒，不過和其他東西搭配的話就會完全不同，產生出讓人張口吶喊的嶄新甘甜口味。「酒糟牛奶果醬」是市售的商品，不過也可以將黃豆粉加入煉乳中、或者拿果汁與蜂蜜拌在一起也很有趣，大家可以嘗試看看。

拌炒迷你草莓黑醬吐司

#紅與黑的標準吐司 #以義大利香醋寫書法 #愛迷你草莓

炒草莓在「關火前」淋上義大利香醋的「炒草莓義大利香醋」如此美味，那麼炒草莓如果在「關火後」淋上香醋，口味又是如何呢？我的草莓研究之心就是連這種沒意義的事情都會去思考。後者的義大利香醋會給人比較強烈的感覺，加上黑審之後口味會比較剛好。

recipe

1 將吐司烤到金黃酥脆。

2 將較小的草莓與大量奶油一起使用平底鍋翻炒。

3 將炒草莓倒在吐司上，氣勢十足將義大利香醋和黑審以畫線的方式淋上去。

自言自語

創意吐司最後淋上醬汁或者黑蜜的時候，氣勢十足地淋下去，比較能夠產生有趣的圖案。因此最後裝飾要放在砧板或者盤子上。這樣就算飛濺出去也不用太在意，流出去的部分請舔掉就好。

COLUMN ✣ TOAST RANKING

本書當中的吐司分門別類排名

好吃到想哭

P.31

黃芥末奶油還能這樣用喔？的吐司

對於喜歡黃芥末奶油的人來說，
根本就是合法毒品

外觀與口味大有落差

P.25

芝麻蜂蜜大理石吐司

醬油在口中宛如糖漿，
芝麻醬包覆口中

卡路里意外的低

P.124

檸檬果醬與醃牛肉的
開放式三明治

畢竟檸檬果醬又不甜、
醃牛肉可是紅肉呢

好像可以瘦下來

P.19

緞帶小黃瓜條紋吐司

教我這個食譜的造型師
是個纖細美人

能輕鬆製作

P.16

打碎的咖啡凍生食麵包

不用烤也不用其他工具

男朋友來過夜的早上想做給他

P.127

蘿蔔嬰放滿
天空之城麵包

假裝很在意健康，還能說
「唉呀～臉上沾到蛋黃囉♡」

外觀可愛

P.15

草莓與馬斯卡彭起司無敵吐司

本來就很可愛的草莓，
在醬料照耀下更加閃閃動人

吃的時候覺得「我真是天才」

P.69

薑汁鳳梨芬芳起司吐司

把鳳梨和生薑搭配在一起，
我太厲害啦！

最佳草莓吐司

P.94

立即享用草莓焦糖風味吐司

希望能夠消除世界上的戰爭

明天世界末日的話就吃這個

P.112

香蕉奶油放蕩吐司

在毀滅的同時吃著香蕉
深愛逐漸毀滅的地球

CHAPTER 8

#這是啥啦！

外觀樸素
卻好吃得要命

焦焦上有焦焦，然後還是焦焦

金黃焦香芝麻棕色吐司

#焦焦螺旋 #不管幾層都是焦焦 #焦焦天堂

我要不厭其煩的告訴大家，「焦香是調味料」。焦香奶油、焦香肉桂、焦香芝麻都蹲踞在吐司上親密往來的，就是這款吐司。乍看之下會覺得，這是什麼？樣子真的非常樸素，但真是好吃到嚇死人，還請務必嘗試看看。

recipe

1 將恢復室溫軟化的奶油大量抹在吐司上。

2 大量灑滿肉桂粉與金芝麻。

3 以烤吐司烤箱烤到金黃酥脆。烤好之後一點不剩地享用掉。

自言自語

我第一次翻的食譜，應該是史努比和他的夥伴們介紹著美國樸素的餐點。當中介紹的「肉桂吐司」就是我人生中第一款創意吐司。那份食譜是在吐司上抹奶油、灑上肉桂粉與砂糖後拿去烤，此款芝麻吐司也是這樣來的。

甜白吐司

#麵包邊捲起來就像是女孩兒 #愛白色 #好像白色狗狗

椰子水非常清爽、椰奶則有種綿滑感，但是椰子乾燥後打碎卻變成口感非常有趣的粉末。我對椰子無邊無際活躍的樣貌獻上十足敬意。我曾試著烤好麵包邊然後擠鮮奶油上去，還是覺得不行，但灑上椰絲以後就轉為一種「為何如此樸素卻能在心中留下印象呢」的口味，還請試過一試。

recipe

1 將麵包邊（沒有的話也可以使用普通吐司）烤到金黃酥脆。

2 將添加了砂糖的鮮奶油大量堆疊在中間。

3 大量灑上椰絲到蓋過鮮奶油和吐司。

自言自語

麵包邊如果烤過以後，邊邊就會稍微捲起來、也有著恰宜的硬度，就好像一個小盤子。因此最適合用來放容易流出去的東西。像是燉菜類的、或者是多到不行的鮮奶油。鮮奶油和椰子就像是雙馬尾搭配白色洋裝那樣令人心癢的搭配，當然是好吃到令人舉手投降。

星期一早上偷懶的能量吐司

#什麼都拿來削 #靠削刀了 #奶油消失到哪裡去

在餐廳裡，料理上桌前有服務生手拿松露或者起司，與刮刀一起出現在桌邊，唰唰地為料理做最後加工的那個瞬間。雖然有些服務生會告知：「夠了還請告訴我。」但是哎呀這實在是太痛苦了。忍著不說出「請你一直刮下去」，然後請他停下……這種挫折感，就在星期一早上自己削帕瑪森起司來掃除吧。

recipe

1 以刀子稍微切開吐司之後烤到金黃酥脆。

2 烤好之後立即切好厚厚一塊奶油放在中央。

3 以刮刀開始削出大量帕瑪森起司放上去。也灑一些黑胡椒。

自言自語

只要家裡有刮刀或者磨泥工具，就應該試著買貴一些的起司。雖然價格可能有點令人煩躁，但只要有漂亮的刮刀或磨泥工具，也不會一下子就吃完。每當逢年過節，我就會想買整塊的帕瑪森起司。這是很長一段時間我好幾次都想著「唉呀真是太感謝我自己了」的好商品。

格子圖樣奶油肉桂吐司

#冷靜與熱情之間 #切六片和切五片之間 #無邊無際的防守 #沒切成八片也差不多了

明明整年都説著「#我想變瘦」但還是會拿起半條只切成五片的吐司。在罪惡感當中一口咬下那略有厚度的吐司，其美味應該是天堂第一名的模特兒吧。只要稍微切開一點，酥脆及焦香就能遍布整片吐司，烤得非常美味。

自言自語

吐司麵包在買的那天起到第二天都放在常溫下，不過之後一定就要每片分開以廚房紙巾和保鮮膜包起來放進冷凍庫裡，這是《ELLE gourmet》編輯部粉類負責人告訴我的。冷凍吐司有個好處，就是烤之前塗奶油或者要切圖樣都非常輕鬆。

recipe

1 將厚片吐司（推薦要是半條切五片以下的厚度）以刀尖劃出格子以後烤到金黃酥脆。

2 將肉桂粉和蔗糖灑滿剛烤好的吐司。

3 將切得方整漂亮的厚塊奶油咚地放在麵包中央。開始融化以後就大口咬下。

香蕉奶油放蕩吐司

#真的是腐爛5秒前的香蕉 #成熟香蕉更上層樓 #無論如何都吹口哨

Netflix雖然有許多吸引人的連續劇，但也有許多美食節目等非常有趣的內容。我忘了節目名稱，不過我曾經看過美國非常受歡迎的明星甜點師克莉絲汀娜．托西説「比成熟香蕉更好吃的，就是快要爛掉的香蕉！」然後我便想到了這款吐司。在臨死前讓人看到奇蹟成熟感的香蕉有了鮮奶油的幫助，成為猛烈美味的香蕉奶油。真是好吃到要死掉。

recipe

1. 將吐司烤到頗為金黃酥脆。
2. 將成熟程度達到頂點的香蕉與鮮奶油以攪拌機打在一起。
3. 嘩啦～倒到吐司上，灑上山高的可可碎粒。

自言自語

香蕉就像是「出魚頭地」的魚一樣。就像是INADA→WARASA→鰤魚那樣，從原先略硬又清爽的口味逐漸轉變為越來越甘甜又柔軟。而這次使用的是果皮已經完全轉黑，感覺家人會說「這個趕快丟掉！」的臨死前香蕉。當中已經糊爛又超香，忍不著稱讚提起勇氣吃下去的自己。

爽脆焦香椰子吐司

#南國風酥脆 #令人懷念的椰子餅味 #幾乎是點心

日清公司的「椰子餅乾」是在昭和40年的時候發售的。可見賣了多久！推測受到歡迎的理由可能是「棕色的」。棕色的東西很好吃、棕色的東西非常老實。將這個傳統點心重現為這款吐司。因為太過簡單所以沒有步驟3。

recipe

1 將恢復室溫軟化的奶油大量抹在吐司上。

2 大量灑上椰絲和蔗糖之後烤到金黃酥脆。

3 結束。吃掉。

自言自語

將長壽商品抄襲做成吐司，不我是說「致敬」實在是非常開心的吐司遊戲。除了椰子餅乾以外，似乎也能做出其它款式。蝦味先吐司、海苔鹽洋芋片吐司、巧克力派吐司等。「BONTAN橘子軟糖」賣了膏狀產品的話我一定馬上抹在吐司。

金時紅蘿蔔吐司

#怎麼可能吃得下那麼多雜菜煮 #關西年菜名配角 #吉祥物吐司

我老家的年菜雜煮鍋必定會有白味噌圓麻糬、祝賀蘿蔔、金時紅蘿蔔，也就是在白色湯頭中放入一大堆圓形的東西。我住在東京許久已經許久了，但母親到現在到了年底還是會寄年菜雜煮鍋用的金時紅蘿蔔給我。我無法抵抗她說著「妳要好好煮啊！（關西腔）」的無言壓力，但請原諒我將它做成異國風味吐司。

recipe

1 將吐司烤到金黃酥脆後抹上大量奶油。
2 將金時紅蘿蔔切成薄圓片，快速煮或蒸過後，稍微灑點鹽再用廚房紙巾吸水後與橄欖油拌在一起。
3 將金時紅蘿蔔大量放到吐司上，灑上孜然。

自言自語

這款吐司中刮刀也非常活躍。用來處理紅蘿蔔和小黃瓜都非常好用。就算是切圓形，只要用刮刀就能夠切出可透光的薄片，做出興頭就不小心弄了這麼多。細長的金時紅蘿蔔以刮刀直刮做成紅色緞帶，也能夠做出開心的涼拌菜。

口腔當中實況轉播

舌頭愉悅的終極甜蜜滑順

軟綿綿甜地瓜吐司

#名為地瓜栗南京的DNA #被黃色漩渦吞沒 #舔湯匙上的抹醬時超幸福

最近不知為何連超市都有烤地瓜的機器，真的是太令人感動了。買個大的充分滿足自己吃的慾望以後，就留一些明天早餐用吧。只要和牛奶或者鮮奶油拌在一起之後，就能夠做出好吃到令人哭泣的地瓜抹醬。我喜歡做得比較滑順一點。

recipe

1 將吐司烤到金黃酥脆。

2 將烤地瓜與牛奶或鮮奶油打在一起。

3 醬放在吐司上之後以筷子前端畫圈圈圖案，大量淋上蜂蜜後灑上可可碎粒。

自言自語

我常用的攪拌機是BRAUN的手動攪拌機。根據把手握的鬆緊便能夠修改旋轉強弱，實在是好用到不行。當我拿到這台機器的時候，當時我還想著今後就能拿來做比較細緻的料理呢，但結果都拿來做放在麵包上的抹醬。

黃金老虎吐司

#黃金色值得慶賀的早晨 #薑黃可不是用來裝飾的唷哈哈 #老虎感

我收到了「混有生薑黃的黃金蜂蜜」。原本似乎是拿來調整身體狀況的，但我的原則就是「新東西就用吐司來試口味」。為了要確認口味，我不是用熱騰騰的吐司而是稍微涼一點的吐司。我還以為薑黃是為了咖哩而存在的，但與蜂蜜搭配在一起之後，就發揮了讓吐司變成極佳口味的效果。用新鮮薑黃製作當然比較理想，但也可以用薑黃粉。

recipe

1 將吐司烤到金黃酥脆後靜置冷卻。

2 將恢復室溫軟化的奶油起司塗滿整片吐司。

3 將混有薑黃粉的蜂蜜大量淋上去，灑些義大利香醋再灑上碎杏仁。

自言自語

我能有自信做出來的料理大概就是咖哩吧，因此香料塞滿整個廚房。咖哩的香料，大概混入3種左右就會有咖哩的感覺，只用一種的話個性就會非常明顯、很有趣。薑黃除了混進蜂蜜以外，灑上有奶泡的奶茶也非常美味。

巧克力米黃豆粉吐司

口腔當中實況轉播

多汁與奶油加上甘甜與脆脆

#巧克力銀河 #歡迎來這裡吃呀天堂 #黃豆粉會飛散因此禁止呼吸

廚房裡擺個黃豆粉就非常方便。如果覺得「那種東西應該只和麻糬之類的對味吧」那就太浪費了！那種質樸風味只要和甜的東西搭配在一起就會非常好吃。巧克力、蜂審、奶油等，和那些看起來非常高傲的食物搭配在一起。

recipe

1 將恢復室溫軟化的奶油大量抹在英式吐司上然後拿去烤。

2 烤好之後使用濾茶網將黃豆粉灑上整片吐司上。

3 大量灑上巧克力米和開心果。屏息享用。

自言自語

這是我早上起床隨意做的創意吐司，不過使用黃豆粉或者糖粉的時候，還是不能太過鬆懈。如果因為看起來很好吃而喘起大氣來，那麼粉就會嘩地飛散到周圍，桌子會變成非常悲慘。請當作自己身在茶道場合中道貌岸然地享用。

起司椰棗條紋吐司

#用烤盤來烤麵包 #條紋吐司 #讓焦痕清晰可見

最近我發現「生活高雅的人似乎會直接用瓦斯爐或者烤網來烤吐司，而不是用吐司烤箱？」所以我不服輸地做了這款麵包。放到BBQ用的烤網上面烤一烤，沒想到出現了如此可愛的條紋！但是這樣烤非常花時間。真的是要有足夠決心。

recipe

1 將麵包依照烤網架方向的斜向放好以後，烤好兩面。

2 烤好之後迅速切成直的4塊，稍微錯開來放在盤子上。

3 用湯匙將馬斯卡彭起司劃上去抹開，淋上椰棗糖漿（沒有的話也可以使用蜂蜜或黑蜜或者隨便什麼都好啦），稍微灑點可可碎粒。

自言自語

我常用的烤網是STAUB的鑄鐵琺瑯產品，平而且大。用來烤紅肉或者南瓜都很帥氣。也能拿來烤麵包。如果為了確認烤焦狀況而在中途拿起來，就會無法放會原先烤焦的位置，要多留心。只能從氣味和時間來推測，然後下定決心翻面。

甜菜噴濺圖樣吐司

口腔當中實況轉播

只有酸味的禁慾口味

#噴濺圖樣 #時尚與美食趨勢連結 #請創作者隨意

如果拿到顏色比較深的糖漿或者抹醬，就忍不住心想著應該要拿來如何與吐司搭配呢唔唔……。甜菜的抹醬有著自然甘甜口味，非常高雅。不管出現在容器或者服裝上，在全世界都非常受歡迎的「噴濺圖樣」就重現在吐司上。雖然廚房裡也會因為飛散的抹醬和優格變得亂七八糟，不過那又如何呢？

recipe

1 將吐司烤到金黃酥脆。

2 將恢復室溫軟化的奶油起司以奶油刀或湯匙整個抹上去。將表面抹成同一個方向就會很漂亮。

3 用湯匙舀起抹醬，在整片麵包上方敲打湯匙做出噴濺圖樣，然後平均淋上優格。

自言自語

「甜菜抹醬」是MIZKAN出的「ZENB」系列產品，如果沒有的話也可以用草莓果醬或藍莓果醬的糖漿來代替。如果喜歡甜口味的人，我想加點蜂蜜或煉乳應該也很不錯。簡單來說就是開心就好啦，噴濺這種東西。

蜂蜜奶油放到滿起司吐司

#沒有任何害怕的東西 #相互抵銷所以卡路里零 #油與糖與碳水化合物

先前我已經吃了幾百片罪孽深重的吐司。光是想什麼總卡路里啦、脂質之類的就覺得很恐怖，但分析之後我有個新發現。起司、奶油、蜂蜜、黑胡椒。我似乎對這4種東西非常執著。雖然我自己沒有意識到，但這應該就是我的四天王。想著那如果全部放上去的話，應該會做出最強的可怕美味吐司。阿門。

recipe

1 將切絲起司灑在吐司上要堆積如山，烤到金黃酥脆。

2 咚地放上一塊有稜有角厚度相當的奶油塊。

3 在奶油開始融化的時候淋上灑上蜂蜜和黑胡椒，盡量放上去。

自言自語

在這當中最重要的，大概是奶油。奶油開始融化時的光澤、閃爍感、香氣，那分魅力！如果是喜愛奶油的人，可以在冰的硬梆梆的狀態下用刀子切出一塊有稜有角的方塊。融化時的樣子會更加性感。

CHAPTER

9

#還是有在注意健康的啦

沒有蜂蜜

就是沙拉呀

孜然高麗菜天空之城麵包

#床單是孜然高麗菜 #在美劇當中是主角的好朋友 #應該能瘦

我很常做孜然高麗菜。在我的腦袋當中這個東西是「算不上小菜、也不是純配菜」，只要有了這款菜，不管是荷包蛋、單純烤過的肉或者魚類都能夠一口氣綻放出明星光輝，真的很厲害。而且我頑固地認為沒有孜然的話，這件事情就無法成立。戳破荷包蛋的蛋黃與高麗菜拌在一起，實在令人感動落淚。

recipe

1. 將高麗菜稍爲加微波一下之後擰乾多餘水分，與少許鹽巴、孜然及橄欖油拌在一起。
2. 烤好英式吐司，將步驟1的孜然高麗菜鋪滿整片。
3. 將蛋黃煎到半熟的荷包蛋放上去，灑上鹽巴與黑胡椒。

自言自語

我不太會煎荷包蛋。據說連職業廚師要完美煎好荷包蛋都是非常困難的（藉口）。居住在香川縣高松市的鐵器作家槇塚登老師有做一款「荷包蛋專用平底鍋」，據說使用那個鍋子就能夠百發百中讓蛋黃留在正中間。可能會買、可能真的會買……。

酪梨奶油咖哩吐司

#太硬的話我只好烤了你唷酪梨 #酪梨抹醬 #咖哩的工作

酪梨我是要烤過派。我支持烤過以後再吃的酪梨。可以用平底鍋將斷面烤到金黃焦香，或者乾脆和吐司一起放進吐司烤箱裡烤起來吧。烤過以後也比較容易剝皮。口味重點在於咖哩粉，千萬別忘了！

recipe

1 酪梨對半切開之後取出種子，以平底鍋或者烤魚網烤一烤。撕掉皮以後裝入容器中，與奶油起司一起用叉子搗碎。

2 將吐司烤到金黃酥脆。

3 將步驟1的抹醬放在吐司上，以叉子尖端邊壓邊推開抹醬同時做出圖樣。灑上咖哩粉、少許鹽巴，喜歡的話也可以灑點黑胡椒。

自言自語

酪梨和香菜之類的，這些美食會忽然捲起流行風潮，肯定是因為SNS。不過酪梨應該是有很多人喜歡它的口感吧。完全成熟的新鮮酪梨會有些黏稠感，但還很生的話則像是硬梆梆的芋頭，只要加熱就會變得非常鬆軟，是萬能型選手。所以才會沉迷於它吧。

檸檬果醬與醃牛肉的開放式三明治

#肉與檸檬 #續隨子可是花苞唷 #以火腿粉紅色妝點吐司

百貨公司聯名的信用卡。以前我想在存了點數以後用來買口紅還是買衣服而躍躍欲試。那種興奮感到現在仍然不變，但是對象完全轉移到地下一樓去了。點數的用途只有高級水果、或者高級加工肉品這兩種。「蘇格蘭醃牛肉」是牛肉肩肉製成的火腿。這和罐頭醃牛肉的起源相同，但那荷葉邊狀的肉片口感非常奢侈，和略帶苦味的檸檬果醬超對味！

recipe

1 將吐司烤到金黃酥脆。

2 大量抹上奶油和甜度稍低的檸檬果醬。

3 大量放上醃牛肉之後灑上續隨子。

自言自語

「肉類×水果」這樣的組合，在我孩提時代絕對是NG的，但現在我真的超愛。尤其是果醬。搭配牛肉也相當對味，但其實我最喜歡拿來搭配豬肉，在烤豬肋排以前先將肋排浸泡在醬油及橘子果醬混合成的醬料中，就能夠做出幾乎不像是自己手工的口味，還請試試。

綠豌豆與黃芥末的圓點起司吐司

#整齊的圓點真萌 #裂開的豌豆也超萌 #起司也是黏膠唷

豌豆不要使用裝在罐子裡頭那種軟呼呼的東西，而應該用新鮮的。明明看上去那樣可愛，卻能讓人感受到野性味道，只有新鮮豌豆才辦得到。只要放在切絲起司那蓬鬆綿被之間一起烤，就能打造出和起司一樣的金黃焦香樣貌。直接吃也很好吃，不過使用黃芥末「追加圓點」會成為更具刺激性的口味。

recipe

1 將切絲起司大量放滿吐司。

2 適當灑上豌豆之後烤到金黃焦香。

3 在空隙之間擠上黃芥末，灑上橄欖油與黑胡椒。

自言自語

雖然我說要用「擠的」但並不是用上擠花袋，要買的是熱狗店那種裝在有著細長口容器當中的黃芥末唷。圓點或者蝴蝶結這類日常生活用起來有點害羞的圖案，也可以發洩在吐司上。雖然外觀可愛但是芥末辣辣的感覺才是重點。

酪梨緞帶迴旋蛋吐司

#奶油用到死 #酪梨緞帶 #沒有用力張開嘴巴根本放不進去

這款吐司中刮刀也非常活躍。要將滑順的酪梨削成緞帶形狀非常簡單，幾乎好玩到讓人停不下手。如果太熟的話很容易斷掉，因此最好使用比較生一點的酪梨。這款酪梨緞帶放在沙拉上也能讓菜色華麗許多，還請試試。

recipe

1 將吐司烤到金黃酥脆。

2 毫不遲疑地用上大量奶油做好鬆鬆軟軟的炒蛋，放在吐司上。

3 用刮刀將酪梨削成緞帶形狀，捲起來放在炒蛋上。灑上鹽巴與黑胡椒。

自言自語

炒蛋要使用的奶油分量，如果好好量過的話應該是1大匙多，不小心的話可能用了2匙。如果想做得輕盈一些，也可以使用沙拉油或橄欖油，不過用奶油能夠讓口味大幅提升濃郁感，做出放蕩的炒蛋。還請提起勇氣盡量用下去吧。反正是早上，沒關係的。

蘿蔔嬰放滿天空之城麵包

#獻給所有飲酒者 #反省菜苗 #吃的時候會變成草食動物的臉

具備管理營養師資格的料理家大島菊枝指導我：「如果妳那麼喜歡喝酒，應該要吃更多菜苗啊！」菜櫻當中尤其是青花椰的菜苗的成分能夠增強肝功能。還有「但是一定要持續大量食用」。和荷包蛋搭配在一起的話，那流動的蛋黃當成醬料，口感就很棒。

recipe

1 將吐司烤到金黃酥脆，抹上薄薄一層橄欖油。

2 將荷包蛋煎成自己喜歡的熟度，咚地放在吐司上。

3 將連根切斷的蘿蔔嬰大量堆上去，灑上鹽巴與粗磨黑胡椒。

自言自語

最近能在市面上看到許多種菜苗，豆芽菜和白蘿蔔苗都是屬於菜苗。因為很便宜所以我一直不在意這種東西（豆芽菜、白蘿蔔苗對不起），但是想做得健康些時我會積極放在吐司上。聽說這可以在家裡自己種，我也曾經嘗試一次，但以我想吃的量和採收量對比實在太沒有效率，只能放棄。

滿載義大利風格的嚼嚼口感

蘑菇青醬吐司

#蘑菇的切面就像骷髏的說法 #卡路里應該很低 #義大利麵醬也用在吐司上主義

不知道哪裡寫了「蘑菇切成薄片就看起來像骷髏」，之後我一直都是這樣認為。這大概就是所謂的自我暗示吧。蘑菇切成薄片的話也能生吃，不過和義大利麵醬也非常對味。這樣就打造出有著禁慾義大利麵口味的吐司。

recipe

1 將義大利麵用的青醬大量抹在吐司麵包上。

2 將切成薄片的蘑菇像鱗片一樣整齊排列在吐司上。

3 將黑芝麻灑在整片吐司上。

自言自語

會使用青醬，只是因為剛好家裡有。我想這款吐司就算用其他義大利麵醬，應該也很好吃。尤其是肉醬或者培根蛋麵醬那類黏糊糊風格的醬料。唉呀，光是想像我就想自己做來吃啦。

雞肉咚！酪梨香菜吐司

#背後的主角是雞胸肉 #該用上鑄鐵琺瑯鍋了 #有三利歐感

原本應該要拿來做餅乾的可愛餅乾模型。我家也有很多，但卻連一次餅乾都沒有烤過。但拿來切出水果或蔬菜的形狀倒是很輕鬆！除了酪梨以外，紅蘿蔔、紅心蘿蔔、蘋果、地瓜、柿子等材料都能用。當然切剩下來的部分可以剁碎加入沙拉當中，或直接丟到嘴裡啦。

recipe

1. 將吐司烤到金黃酥脆，抹上薄薄一層橄欖油。
2. 擺上切片的雞胸肉。最好讓吐司上面擠到不行！
3. 將切為星型的酪梨（不是星型也沒關係）、香菜平均放上吐司，灑上泡過鹽水的胡椒以後，擠上黃芥末。

自言自語

纖瘦有肌肉者的常備食物就是雞胸肉（沙拉用雞肉），但這只要有鑄鐵琺瑯鍋就能自己輕鬆做出來。在睡覺前將少量的水、清酒或紅酒、少許鹽巴放進鑄鐵琺瑯鍋中煮沸，然後把雞胸肉丟進去之後關火，蓋上鍋蓋靜置到第二天早上。說老實話不管搭配什麼蔬菜都很好吃。

鮭魚片酪梨香菜吐司

#沒泡在茶裡卻放在吐司上的茶泡飯用鮭魚 #香菜&酪梨搭擋 #黑胡椒減少的速度跟餐廳沒兩樣

別人給我的「茶泡飯用鮭魚片」。價格越高的食物保存時間就越短，但又吃不了那麼多茶泡飯……。這種情況下，我還有吐司。只要添上酪梨&香菜這組黃金搭擋，多半都能打出全壘打口味。我想其他東西大概也行吧，像是茶泡飯用鰻魚、明太子、醃漬鮭魚之類的。

recipe

1 將吐司烤到金黃酥脆，抹上薄薄一層橄欖油。

2 切成薄片的酪梨排得美麗一些，中間空隙放上鮭魚片。

3 放上香菜葉片，大量灑上粗磨黑胡椒。

自言自語

大家知道有個「星期一就吃酪梨吧」的「#酪梨MONDAY」運動嗎？據說是海外的熱門IG主推動的流行。一開始我還覺得「真是太蠢了」而無視，但不知不覺間我自己倒是做得很起勁哪。不過這做起來挺開心、又營養充足，能完全趕跑星期一早上的憂鬱。

炒菜豆咖哩雞蛋吐司

#在關西叫做三度豆 #在法國叫haricotsverts #其實就是菜豆

菜豆是我非常喜歡的蔬菜。自從發現只要切法不同，口味也完全不同，我對它更加愛無止盡。大概8月底左右，盛夏已過的日子，覺得好像已經吃太多菜豆了，那就該讓這種斜切菜豆出場。切得更小更斜更薄一點插在蛋上也很有趣。插上去會不好入口？不不，這當然是要防止自己吃太快啊。

recipe

1. 將水煮蛋放在容器當中以叉子戳碎，隨個人喜好加入美奶滋及少許咖哩粉攪拌。
2. 將英式吐司烤到金黃酥脆，大量放上步驟1的材料。
3. 將斜切烤好的菜豆灑上去。

自言自語

照片是丹麥國寶「皇家哥本哈根」當中非常受歡迎的「大唐草」系列的盤子。我有兩個這種盤子，難道大家不覺得這圖樣有點像豆子嗎？這其實是「野豌豆」唷。據說每片盤子都是由師父親自手工描繪，背面有繪者的簽名。有的人可以確認一下。

小洋蔥水煮蛋圓滾滾開放式吐司

#保存期限難兄難弟最後的競爭 #我先說這真的不好塞進嘴裡 #可愛就好

眼前是在冰箱裡吶喊著臨死悲鳴、保存期限即將過期的蔬菜們。這天小洋蔥和綠豌豆吶喊著「妳要放棄我嗎！」我只能拿橄欖油與鯷魚將它們炒得非常好吃來祭拜它們了。大部分蔬菜都能用這種方式來挽救。水煮蛋也是主要角色。加了這個就能讓滿足感與外觀的完成度大幅提升。

recipe

1. 將切成三角片狀的小洋蔥與豌豆以少量橄欖油炒過，混入壓碎的鯷魚。
2. 將吐司烤到金黃酥脆。
3. 將切成三角片狀的水煮蛋與步驟1的材料均衡放在吐司上，大量灑上粗磨黑胡椒。

自言自語

不管是瓶裝還是罐頭都行，只要有鯷魚庫存，就能夠在搶救蔬菜大作戰當中讓它大為活躍。這份食譜使用小洋蔥當然很好吃，但也很推薦改用馬鈴薯。不過這樣一來當成白酒用下酒菜的感覺會更強烈就是了。

CHAPTER 10

#白吐司以外也都愛

只要是麵包都很幸福

微波起司蜂蜜吐司

#起司融化的軌跡 #微波爐已經變成起司融化機 #阿爾卑斯山少女感 #超簡單

提到起司吐司，我一直認為要把起司放在吐司上然後用吐司烤箱去烤。但有次我開始烤麵包了，才想到「我忘了放起司上去！」只好慌張用微波爐加熱起司再倒上去，結果好吃到讓我說不出話來。滑溜柔順，那流動的軌跡和蜂蜜渾然一體，外觀上如此性感……在舌尖流動的口感可不是一般的傳奇故事。

recipe

1 將切片的小麥硬麵包烤到金黃酥脆。
2 將大量切絲起司放進耐熱容器當中微波融化。
3 將起司一口氣倒在步驟1的麵包上，趁熱的時候大量淋上蜂蜜並灑上黑胡椒，吃掉。快點！

自言自語

讓我愛上微波起司的便是這款吐司。之後我就會把這種「最後妝點手法」應用在麵包以外的各種料理上。可能是「起司鐵板燒感」或者「起司辣炒雞肉感」吧，只是把起司放上去就有著無比魄力，真的很奇妙。務必嘗試。

青椒與甜椒粉的起司吐司

#就算睡晚了也興致勃勃要做 #起司是麵包的洋裝 #甜椒的香氣與柴魚片很像

基本上我的早餐吐司會使用白吐司，不過偶爾也會想吃些加了葡萄乾或核桃的「某某吐司」。這是很受歡迎的店家「Bread & Circus」的核桃硬麵包。由於麵包已經帶有核桃的脆脆口感，因此上面放的東西多少軟綿綿一些就能做成雙重口感。青椒與甜椒、雙重苦味和起司超級對味。

recipe

1 將大量切絲起司放在核桃硬麵包（沒有的話就普通的硬麵包）上，排好青椒圓片之後將吐司烤到金黃酥脆。

2 放在盤子上，以灑到周遭的十足活力淋上橄欖油。

3 在邊邊大量灑上甜椒粉與黑胡椒。

自言自語

以前我去西班牙餐廳訪問的時候，曾詢問過「我實在搞不清楚甜椒粉應該怎麼用」而主廚說「當柴魚就行了」。醒悟！確時那種香氣與柴魚片很像。口味明明比較像辣椒，卻不會讓人感受到辣度的乾燥甜椒粉。下次要不要灑在大阪燒上面呢（妳這關西人還好嗎）。

奶油長根麵包巧克力脆片

#堆在麵包上的削片巧克力 #會蛀牙的預感 #2分鐘後開始融化成麵包天堂

長根麵包給人一種是用來搭配料理的感覺，就算是喜歡硬的麵包，早上起來吃長根好像還是有點困難。但是為了讓這種不中用的心態加點骨氣，我發現只要把喜歡的東西大量放上去就能成功偽裝起來……。這款麵包，重點就在奶油。看到奶油與巧克力逐漸融合在一起的樣子，簡直要令人昏倒。雖然我才剛起床。

recipe

1 將長根麵包切為1cm左右厚度，烤到金黃酥脆。

2 烤好之後放上切為頗厚的一塊奶油。

3 以削刀刮微苦巧克力，盡量灑到麵包上。

自言自語

我用的是拿來做熱巧克力的堅硬塊狀巧克力。我想這既然是高級品牌的巧克力，應該能夠和長根麵包與奶油感情融洽吧。不是很好用的微苦巧克力用削刀愛削多少削多少，乾脆點「追加巧克力」吃也很好啦。

塞滿滿蘋果三明治包

#就像是零食塞到滿的感覺 #完成之後才發現有多難塞入口 #好像黑鬍子海盜桶

有些工作一開始做就停不下來。比方說編織、拼圖、捏氣泡紙，還有這個塞進口袋麵包的工作。「完成了♡」而大為喜悅，泡好紅茶拿到桌邊，打算要吃才驚覺！裝太多了根本塞不進嘴巴。只好慢慢抽一些起來吃。我到底在幹嘛啊。

recipe

1 將長棍麵包切個適當的長度，中間切道比較深的口子、夾好奶油，然後以吐司烤箱烤。

2 將紅綠蘋果切片以適當的均衡度插進麵包口當中。

3 使用平底鍋將培根煎到焦香、與帕達諾起司（任何喜歡的起司都行）也都插進麵包。

自言自語

長棍三明治的重點應該就在於烤的時候要先放上奶油或橄欖油吧。只要這個步驟，就能讓當中夾的材料與麵包變得非常融洽。除了可以結合培根與帕達諾起司以外，蘋果以外的水果，比方說像是無花果、香蕉或者柿子之類的肯定也都非常美味。

椰子油炒藍莓吐司

#3個女人共宿早餐麵包 #去別人家裡也玩吐司 #藍莓之家

女性朋友們搬家到輕井澤以後，庭院裡到了夏天就能採收一大堆藍莓。去住她們家的第二天早上，因為「小婦人扮家家酒」而做了這款吐司。「喬，可以請妳去庭院裡摘點藍莓嗎？」「好的，梅格。我的要淋多些蜂蜜唷。」「喬妳太奸詐了！梅格，貝絲的分也要拜託妳囉」（設定上艾咪不在）就算邊嬉笑也能做得非常美味的簡單食譜。

recipe

1 以椰子油將藍莓炒過之後搗爛。
2 將迷你吐司烤到金黃酥脆，把步驟1的炒藍莓放上去。
3 大量淋上蜂蜜，灑上烤過的杏仁。

自言自語

朋友們告訴我「繭子的吐司看起來真的很漂亮，但實在不知道好不好吃，沒想到還不錯呢」真搞不清楚這到底是不是稱讚。不過那也是因為我的吐司自己是覺得都很好吃啦。不過那也是因為我剛做好就想著「好開心！快樂！」然後邊享用這些吐司。我想那就是重點。

雙重起司條碼吐司

#想像大叔的頭就對了啦 #居然在起司麵包上面放起司 #起司就像是麻糬

在起司麵包上頭放起司，雖然有人會說我腦子還好嗎但我是認真的。畢竟起司硬麵包裡面放的起司是人工奶酪那種骰子狀的，但上面放的切絲起司烤過以後就會融化成滑溜的樣子，根本不一樣。後者那種融化的起司口感總覺得有些似曾相識，想想是麻糬呢。所以放上海苔一定超對味啦！

recipe

1 將起司硬麵包切片，上頭放上大量切絲吐司拿去烤。
2 用廚房剪刀將海苔剪成細絲適當排列上去。
3 整體淋上橄欖油。

自言自語

海苔對於國外的美食家們來說似乎是個有點令人膽怯的物品，不過一旦愛上就會成癮。我懂。起司也是如此，海苔意外地與許多西餐材料對味呢。這款條碼吐司試著用麻油風味強烈的韓國海苔來做，也很好吃。

烤剩菜綠色吐司

#午後麵包 #腦中浮現白酒只能趕跑念頭之刑 #蔬菜邊的堅強

如果發現冰箱裡有剩的蔬菜，為了拯救它們我只好拼了命思考食譜。因為我覺得若是浪費了它們，下輩子一定會當個無法自己烹飪的蟲子之類的東西。如果要想用綠色蔬菜的青澀美味，那麼只要有藍黴起司&義大利香醋就準備萬全。這兩位是足以稱為萬能助手的可靠人士♡

recipe

1 將蘆筍上半與酪梨（帶皮）以平底鍋煎烤一下。烤好之後撕掉酪梨的皮並切塊。

2 烤好迷你吐司，將步驟1的蘆筍與酪梨放上去。

3 隨興擺一些藍黴起司，橫向灑上義大利香醋之後灑黑胡椒。

自言自語

小的吐司麵包是與吐司麵包有些相似卻不同的東西。首先是口感，軟軟鬆鬆綿綿、但烤了以後又變得非常酥脆。因此就算是放上比較不好入口的大型材料，也還是能擺好。要拿來當下午的點心或者白酒的下酒菜也完全沒問題的啦。

口腔當中實況轉播

簡單口味香氣十足濃郁甘甜

藍莓富士山椰子吐司

#藍莓紅富士 #正式名稱是跳箱麵包 #下起椰絲雪

我到現在看到這個形狀，腦中仍然會浮現「求得梯形面積之程式」，大概是我小時候真的非常不擅長算數造成的心理陰影吧。幸好我終於長大了。這個商品的正式名稱是「跳箱麵包」，但自我第一次看到就一直覺得是富士山，畢竟我是日本人吧。染上漂亮藍莓色的時髦富士山，簡單用大量奶油和椰絲就能下刀。

recipe

1 將跳箱麵包（普通麵包當然也ＯＫ的啦）切成適當厚度，烤到金黃酥脆。

2 趁熱騰騰的時候放上奶油，開始融化就推滿整片。

3 將椰絲大量灑在跳箱上端。

自言自語

做出「跳箱麵包」的是位於大坂堺市的「Pain de Singe」麵包店。跳箱麵包在切開之前，兩邊的側面都有著１到５的層層跳箱烙印圖案，這樣看過去就會覺得真的是跳箱呢。網路商店上有許多種類的麵包可以購買。

兔子麵包喀嚓喀嚓穀片吐司

#我腦中的童話 #被福音館繪本養大的女人 #不管從哪裡吃都有罪惡感

先前就有聽聞這款麵包，我終於拿到「兔子麵包」了。難得禮品協會的裏地佳子小姐特地送給我這款麵包，我還是忍不住要對麵包惡作劇，總是做點什麼處理之後才吃掉。這款灑滿穀片款也很可愛又好吃。為了不讓穀片和玉米片烤焦，訣竅就在於要讓大量奶油滲進去烤。

recipe

1. 將兔子麵包切成適當厚度，大量抹上恢復常溫變軟的奶油。
2. 放上許多穀片之後拿去烤。
3. 用香蕉片作成鼻子旁邊的臉頰肉，用杏仁當鼻子、葡萄乾當眼睛、枸杞為臉頰添色。

自言自語

兔子麵包是東京高圓寺的「Bakery兔座Lepus」販賣的商品，是有著兔子形狀的吐司麵包。烤好之後要怎麼脫模是個謎。除此之外我還做了兔子法國吐司、兔子紅蘿蔔三明治、椰奶風味兔子吐司等等，一直開心享用到最後一片。

結語

✣

回頭看看自己

一直努力吃的吐司們，

不禁想著「這樣怎麼可能會瘦」。

但是我並不後悔。

用各式各樣的材料冒險、

就算是忙到頭暈眼花

也能感受到季節的變化。

切一切、烤一烤、微波一下的程度

就稱為「料理」實在令我惶恐不已，

但我還是想告訴大家：

早上一定要吃東西。而且要開開心心地吃。

如果覺得心情煩躁，

還請用吐司打起精神。

山口繭子

やまぐち・まゆこ

ディレクター。神戸市出身。

『婦人画報』編集部、『ELLE gourmet』編集部

（共にハースト婦人画報社）を経て独立。

食とライフスタイルをテーマに、様々なメディアやプロジェクトで活動。

主に朝ごはんのトーストを投稿しているインスタグラムが話題。

instagram @mayukoyamaguchi__tokyo

note https://note.com/mayukoyamaguchi

TITLE

日日都是吐司日

STAFF

出版	瑞昇文化事業股份有限公司
作者	山口繭子
譯者	黃詩婷
總編輯	郭湘齡
責任編輯	張聿雯
文字編輯	蕭妤秦
美術編輯	許菩真
排版	二次方數位設計　翁慧玲
製版	印研科技有限公司
印刷	龍岡數位文化股份有限公司
法律顧問	立勤國際法律事務所　黃沛聲律師
戶名	瑞昇文化事業股份有限公司
劃撥帳號	19598343
地址	新北市中和區景平路464巷2弄1-4號
電話	(02)2945-3191
傳真	(02)2945-3190
網址	www.rising-books.com.tw
Mail	deepblue@rising-books.com.tw
初版日期	2021年11月
定價	320元

ORIGINAL JAPANESE EDITION STAFF

ブックデザイン	アルビレオ
写真	井上美野（表紙、P８－１２）
校閲	鷗来堂
本文DTP	天龍社
編集	池田るり子（サンマーク出版）

國家圖書館出版品預行編目資料

日日都是吐司日/山口繭子作；黃詩婷譯. -- 初版. -- 新北市：瑞昇文化事業股份有限公司, 2021.08
144面； 14.8x21公分
譯自：世界一かんたんに人を幸せにする食べ物、それはトースト
ISBN 978-986-401-505-4(平裝)

1.麵包 2.點心食譜

439.21　　110010327